FEUERWEHR SCHWALBACH
FEUERWEHR
1843
ACTROS
HLF 30/20-2

Verlag Podszun-Motorbücher GmbH
Elisabethstraße 23-25, D-59929 Brilon
Herstellung Druckhaus Cramer, Greven
ISBN 3-86133-300-7

Titelfotos: Manfred Gihl (oben links), Thomas Hörl (oben rechts), Manfred Gihl (unten),
Seite 1 (siehe auch Seite 15 oben) und Seite 144 (siehe auch Seite 11 unten): Manfred Gihl
Rückseite: Thorsten Waldmann

Jahrbuch 2003
Feuerwehr
Fahrzeuge

PODSZUN

Liebe Leserin, lieber Leser!

Auch die achte Ausgabe des Jahrbuchs Feuerwehrfahrzeuge enthält wieder eine bunte Mischung von historischen und aktuellen Fahrzeugen. Besonders bemerkenswerte und seltene Oldtimer nahmen an der Rallye von Donaueschingen nach Wien im September 2001 teil. Unser Autor Hans-Joachim Profeld hat an der achttägigen Fahrt teilgenommen und die Fahrzeuge im Bilde eingefangen – ein Leckerbissen für jeden Oldtimerfreund. Ralf Keine schildert die Entwicklung der Hubrettungsfahrzeuge der BF Frankfurt, die so manche wichtige Neuentwicklung bei Drehleitern und Gelenkmasten initiiert und verwirklicht hat. Andreas Klingelhöller hat sich mit den Feuerwehren an dem wichtigen Wirtschaftsstandort Schleswig-Holsteins, dem Großraum Brunsbüttel, umgesehen und dabei teilweise einzigartige Fahrzeuge angetroffen. Nicht alle Feuerwehrfahrzeuge in Deutschland sind rot: Die „Fehlfarben" hat Thorsten Waldmann zusammengetragen. Dirk Wieczorek berichtet umfassend über Gelenk- und Teleskopmasten in den Niederlanden und Jochen Thorns dokumentiert den „kleinen Faun", das LF 8-TS. Um interessante Neufahrzeuge fotografisch einzufangen, war unser Autor Manfred Gihl wieder kreuz und quer in der Bundesrepublik unterwegs, oft am wenig günstigen Fotowetter verzweifelnd, am Ende aber doch relativ zufrieden. Berichte über Neuheiten in Europa von Wolfgang Rotter und Jochen Thorns runden die Themenpalette des Jahrbuchs ab.

Dank gilt an dieser Stelle allen Autoren und Bildgebern, die mit Engagement und Tempo gearbeitet haben, damit dieses Jahrbuch rechtzeitig zur Frankfurter Buchmesse 2002 erscheinen kann. Namentlich nicht gekennzeichnete Abbildungen stammen von den Autoren der jeweiligen Beiträge.

Ihnen, liebe Leserin, lieber Leser, wünschen wir viel Vergnügen mit dem Jahrbuch, und nicht vergessen: das nächste Jahrbuch Feuerwehrfahrzeuge, die Ausgabe 2004, ist ab Oktober 2003 erhältlich. Falls Sie selbst einmal für das Jahrbuch schreiben, Kritik oder Anregungen anbringen möchten, schreiben Sie uns bitte an die unten stehende Adresse. Wir freuen uns auf den Kontakt mit Ihnen!

Ihr Redaktionsteam „Jahrbuch Traktoren"

P.S.

Sie können das Jahrbuch Feuerwehrfahrzeuge in Buchhandlungen oder direkt beim Verlag auch abonnieren. Von den älteren Ausgaben sind noch die Jahrgänge 1997, 1999, 2000, 2001 und 2002 lieferbar. Fordern Sie kostenlos und völlig unverbindlich unser Gesamtverzeichnis mit Büchern über Baumaschinen, Lastwagen, Autos, Motorräder, Traktoren, Lokomotiven und Feuerwehrfahrzeuge an:

Verlag Podszun-Motorbücher GmbH
Elisabethstraße 23-25, D-59929 Brilon, Telefon 02961 / 53213, Fax 02961 / 2508
Email: verlag.podszun@t-online.de

Fahrzeug-Neuheiten von 2001 und 2002

von Manfred Gihl

In diesem Jahrbuch findet der Leser außer vielen neuen Normfahrzeugen eine große Zahl von „Erst-Beschaffungen", das heißt erstes ausgeliefertes Modell einer neuen Bauserie:

Die ersten „Octopus", das erste Flugplatzlöschfahrzeug Iveco „Impact", die ersten Rüstwagen mit Brändle-Aufbau, die erste Gelenk-DLK 23-12 von Magirus auf Mercedes-Benz-Fahrgestell Atego, die erste Magirus-Drehleiter DLK 23-12 Vario CS, die ersten beiden Magirus ALP (Aerial Ladder Platform), die erste Bronto Skylift TLK 23-12 auf Scania-Fahrgestell und das erste Metz-Kombinationsfahrzeug DLK 12-9 LF. Das hohe Innovationsvermögen der Feuerwehrgeräteindustrie zeigt sich gerade auch bei den Hubrettungsfahrzeugen – Drehleitern und Teleskopmasten.

Wie in den Vorjahren sind auch einige in ihrer Art einzigartige (von Feuerwehrfans gerne als „Exoten" bezeichnete) Feuerwehrfahrzeuge, die Einzelstücke bleiben werden, vertreten, zum Beispiel ein Großtanklöschfahrzeug auf Scania-Fahrgestell mit Marte-Aufbau, ein GW-G auf DAF-Fahrgestell und ein RW 3 mit Zikun-Aufbau.

Der „Octopus" (Optimized Chassis Technology with Optional Pump pipework in Unbending Sceletons – Optimierte Fahrgestell-Technologie mit optionalem Löschmittelleitungssystem in verwindungssteifen Rohrtragwerken) wurde von Magirus im Jahr 2000 während der Interschutz in Augsburg vorgestellt. Seine wichtigsten technischen Merkmale: Fahrgestellrahmen aus Edelstahlrohren, hydropneumatische Federung, Motor über der Hinterachse, Allradantrieb, Allradlenkung. Bisher wurden vier „Octopus" ausgeliefert: Die Feuerwehr Reutlingen nahm im Februar 2002 einen Gerätewagen-Kranzubehör in Dienst, die BF Duisburg erhielt zwischen Januar und Juli 2002 drei Vorauslöschfahrzeuge VLF 30/20 mit. Die FF Hanau mußte aus finanziellen Erwägungen ihre Option auf ihr HULF (Hubarbeits-Universal-Lösch-Fahrzeug) leider aufgeben.

Die weltweit erste DLK 23-12 Vario CS (Computer

Die FF Elzach (Baden-Württemberg) beschaffte 2000 diesen KdoW. Der Land Rover Defender 90 (90-kW-Dieselmotor) leistet in der schneereichen Schwarzwaldgemeinde vor allem im Winter gute Dienste.

stabilized) ging im Dezember 2001 an die FF Winnenden. Die Drehleiter besitzt ein aktives Schwingungsdämpfungssystem, das störende Korbbewegungen durch selbsttätiges hydraulisches Gegensteuern mindert. Die erste von Metz gebaute DLK 12-9 LF nahm 2001 die FF Pulsnitz (bei Dresden) in Dienst. Es handelt sich um den Prototypen aus dem Jahr 2000, der relativ kostengünstig erworben werden konnte.

Die BF Düsseldorf ist seit Ende Juli 2002 neues Mitglied im „Club der auf MB Econic-Fahrgestellen aufgebauten Metz-Drehleitern" (bisher BF Hannover, BF Darmstadt, BF Lübeck, FF Kronach).

Bronto Skylift hat im Laufe von 2002 zwei Teleskopmastbühnen mit weit über 30 Meter Arbeitshöhe geliefert: eine F 54 HDT (kombiniert mit Schaumtanklöschfahrzeug mit 2000 Liter Schaummitteltank) auf MB Actros 3343 für die WF Boehringer (Ingelheim) und eine weitere F 54 HDT (auf MAN-Fahrgestell mit Brändle-Aufbau) an die WF Merck (Darmstadt).

Die BF Berlin erhielt Anfang 2002 ihren 52-m-Teleskopmast WTF 520 von Wumag, nachdem der Aufbau des ersten Fahrzeugs bei der Überführungsfahrt von Krefeld nach Karlsruhe im April 2001 einen Brandschaden erlitten hatte; das Fahrgestell MAN 26.414 DFRC konnte weiter verwendet werden.

Bis Redaktionsschluss waren die ersten Aerial Ladder Platforms, die Antwort von Magirus auf die Teleskopmastbühnen von Bronto Skylift, ausgeliefert: eine ALP 320 L an die FF Pfungstadt und je eine ALP 340 an die FF Bischofsheim und Herzberg.

Scania-Fahrgestelle finden immer mehr Interessenten bei deutschen Feuerwehren. In diesem Jahr kamen fünf hinzu: BF Wolfsburg, WF Sasol, FF Hungen, FF Marl und erstmals auch ein Scania-Hauben-Fahrgestell, nämlich im Landkreis Anhalt-Zerbst.

Ein Wort noch zu den Sattelzügen, die neuerdings bei den Feuerwehren auf vermehrtes Interesse stoßen. Die BF Köln beschritt 1999 mit der Beschaffung eines ELW 3 auf der Basis eines Sattelzuges einen neuen Weg auf dem Sektor der Einsatzleitfahrzeuge (siehe Jahrbuch 2000). Zwei Sattelzüge laufen auch bei der BF Hamburg: die mobile Atemschutzstrecke (MOBAS) mit einer Zugmaschine Iveco MP 440 ET wurde 2000 in Dienst gestellt, in diesem Jahr folgte ein weiterer Sattelzug mit einer Zugmaschine vom Typ MAN TG 410 A für Fahrschul- und Nachschubzwecke.

Anfang August 2002 erhielten die BF München und die Werkfeuerwehr Merck, Werk Darmstadt, ebenfalls Sattelzüge. Die Münchner beschafften gleich zwei, nämlich „Funkkommandowagen" und „Küche", das Zugfahrzeug ist jeweils ein Mercedes-Benz Atego 1328 LS. Der ELW der WF Merck hat eine MAN TG 410 A-Zugmaschine. Wegen des relativ frühen Redaktionsschlusses dieses Jahrbuches muss die Berichterstattung auf das nächste Jahr verschoben werden.

Einen ELW 1 nahm die FF Marl (Nordrhein-Westfalen) 2001 in Dienst. Der Mercedes-Benz Vito 110 D besitzt einen 90-kW-Dieselmotor.

Der ELW 1 der FF Rendsburg (Schleswig-Holstein) wurde 2002 von Ziegler geliefert. Basis ist ein MB Sprinter 416 CDI mit langem Radstand.

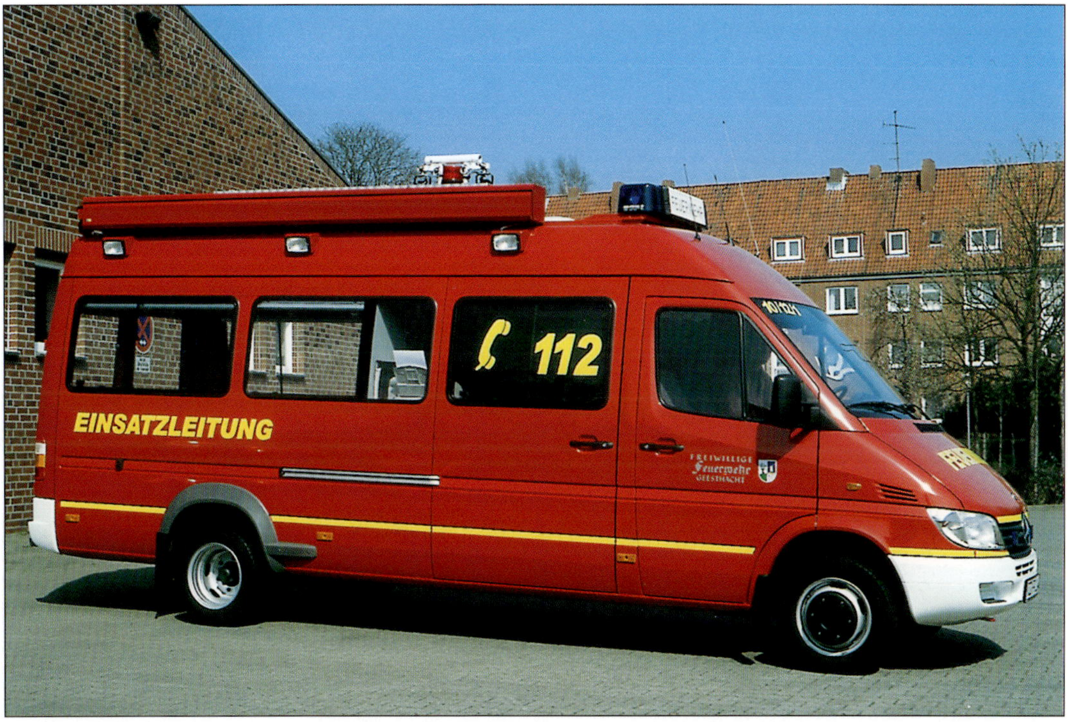

Die Firma Wille Karosseriebau in Lüneburg baute 2001 einen ELW 1 für die FF Geesthacht (Schleswig-Holstein) aus, die sich für einen MB Sprinter 413 CDI entschied.

Einen der ersten ELW 1 auf der Basis des Opel Movano 2800 (84-kW-Dieselmotor) erhielt 2000 die FF Raunheim (Hessen). Die Innenausstattung stammt von den Firmen Schmitz und Sortimo.

Auch die FF Mörfelden-Walldorf (Hessen) beschaffte 2001 einen ELW 1 auf der Basis des Opel Movano 2,8 DTI. Die Innenausstattung lieferte die Firma Binz.

Den ELW 2 der FF Hohenlockstedt (Schleswig-Holstein) baute Binz 2001 auf dem VW LT 35 aus.

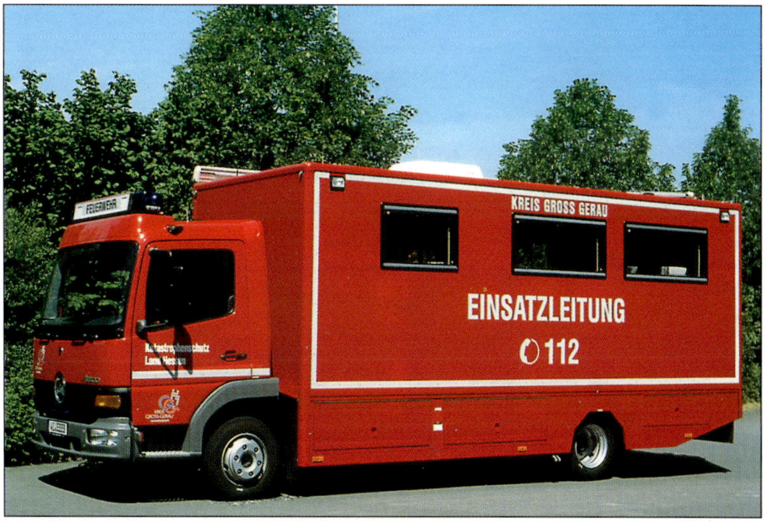

ELW 2 aus der Landesbeschaffung Hessen auf der Basis des MB Atego 815 F mit Aufbau der Firma Binz, Baujahr 2001. Er ist bei der FF Rüsselsheim stationiert.

Die Firma GSF baute 2001 diesen ELW 2 für die FF Wedel (Schleswig-Holstein). Die Innenausstattung ist zum Teil in Eigenleistung entstanden. Fahrgestell ist ein MAN 8.163 LC.

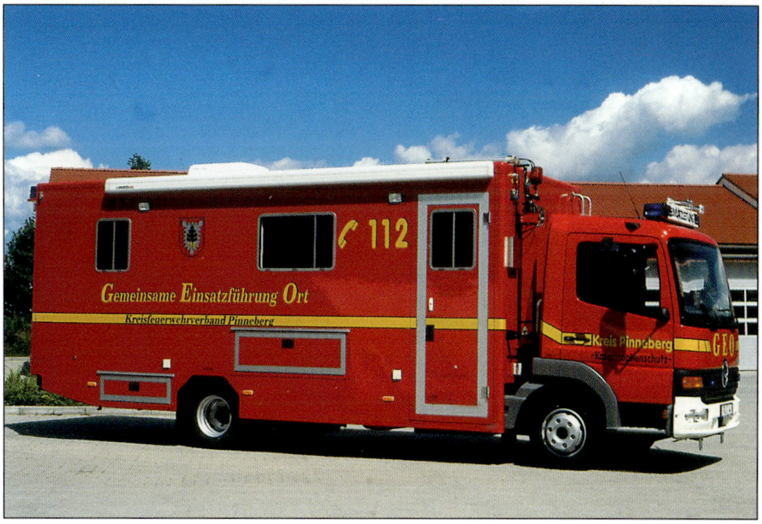

Den ELW 2-GEO des Kreises Pinneberg (Schleswig-Holstein) baute ebenfalls die GSF aus. Hier wurde ein Fahrgestell MB Atego 815 F verwendet. Der ELW ist mit Klimaanlage und Rückfahrkamera ausgestattet. Indienststellung: Mai 2002.

Eines der ersten Kleinlöschfahrzeuge nach hessischer Richtlinie erhielt im August 2002 die FF Fulda. Das KLF ist auf dem MB Sprinter 311 CDI mit Doppelkabine aufgebaut und besitzt einen Koffer von BTG-Magirus. Das KLF verfügt über eine TS 6/6 von PF Jöhstadt, einen 600-Liter-Löschwassertank, vier PA und eine vierteilige Steckleiter. Damit wird den Feuerwehren in Hessen (und zuvor schon Rheinland-Pfalz) unterhalb des TSF ein Löschfahrzeug zur Verfügung gestellt, das bei einem zul. Gesamtgewicht von unter 3500 kg mit dem Pkw-Führerschein Klasse B gefahren werden kann. Es stellt allerdings keine selbständige taktische Einheit dar.

Die FF Alt-Marl (Nordrhein-Westfalen) nahm 2001 dieses LF 8/6 in Dienst. Fahrgestell ist ein MB Atego 815 F. Es handelt sich um ein Vorführfahrzeug von Ziegler.

Die FF Geesthacht beschaffte 2001 ein LF 16/12 auf MB Atego 1325 AF mit Schlingmann-Aufbau.

Ebenfalls von Schlingmann stammt das neue LF 16/12 der FF Hohenlockstedt (Schleswig-Holstein), die sich auch für das Fahrgestell MB Atego 1325 AF entschied.

Das LF 16/12 der FF Ulm, das Magirus 2001 auf dem Fahrgestell Iveco Magirus 135 E 24 W baute, weist einige Besonderheiten auf: Löschwassertank-Inhalt 2000 Liter, Single-Bereifung 395/85 R 20, Auspuff rechts seitlich zum Dach geführt.

Das LF 16/12 FF der FF Solingen, Löschgruppe Bökerhof ist ein Vorführfahrzeug von FGL/Metz aus 2001. Fahrgestell: MAN 14.254 FA.

Eine neue Generation von LF 16/12 führte die BF Düsseldorf 2001 ein. Fahrgestell: MB Atego 1328 AF, Aufbau: Ziegler. Folienbeklebung. Löschmittel: 1300 Liter Wasser, 100 Liter AFFF, 50 Liter Class A-Foam. Bisher sind vier dieser LF im Dienst.

Ein ungewöhnlich kompaktes LF 16/12 hat die BF Flensburg 2001 beschafft: Der Gerätekoffer ist nur 22 Zentimeter länger als die Kabine. Die Firma FWN in Flensburg fertigte diesen GFK-Aufbau auf dem Fahrgestell MAN LE 220 B mit einem Radstand von nur 3,20 m. Das Fahrzeug hat die Abmessungen L=5,50 m, Breite=2,30 m. Die Normaldruck-/Hochdruck-Feuerlöschpumpe, Typ NH 30, stammt von Rosenbauer. Das Löschfahrzeug ist ein „Folienauto".

Lange musste die BF Duisburg auf ihre drei 2000 bestellten „Octopus" warten, bis sie im 1. Halbjahr 2002 geliefert wurden. Sie laufen seitdem als Vorauslöschfahrzeuge VLF 30/20. Fahrgestell: Titan 4x4 mit Allradlenkung und hydropneumatischer Federung. Motor über der Hinterachse, Leistung 259 kW. Die löschtechnischen Einrichtungen: Feuerlöschpumpe FP 30/10, 2000 Liter Wasser, 200 Liter Schaummittel, CAFS-Anlage von Hale. Das Bild zeigt Nr. 1.

Der zweite „Octopus" der BF Duisburg. Die technischen Daten sind identisch mit denen der Nr. 1.

Das 2001 gebaute HLF 30/20 der FF Schwalbach (Hessen) hat Rosenbauer besonders umfangreich ausgestattet: Feuerlöschpumpe NH 30 (FP 30/10-3/40), Fix Mix-Schaumzumischer, 2000 Liter Wasser, 200 Liter Schaummittel, Wasserwerfer RM 24, 4 Sprühdüsen, hydraulisch angetriebener Generator 20 kVA, Lichtmast 4 x 1000 Watt, HPC-Winde 80 kN. Fahrgestell: MB Actros 1843 (Allrad). Der Aufbau besteht aus Aluminium.

Die Firma Thoma in Kenzingen hat erstmals ein HLF 24/20-2 gebaut und 2001 an die FF Kenzingen (Baden-Württemberg) geliefert. Thoma verwendete ein 1996er Exportfahrgestell vom Typ MB 1929 mit Edelhoff-Kabine. Die FP 24/8 stammt von Magirus, der Wasserwerfer von Rosenbauer. Löschwassertank 2000 Liter. Rotzler-Trommelwinde 50 kN, Stromerzeuger 13 kVA, Lichtmast 2 x 1000 Watt. Die Beladung entspricht LF 16/12 und RW 1 (einschließlich Ölwehrgeräte), 6 PA im Mannschaftsraum.

Dieses 2001 von Schlingmann für die FF Rendsburg gebaute TLF 16/25 wurde von der Stadt, dem Land und dem Bund gemeinsam finanziert, weil es auch für Einsätze im Straßentunnel unter dem Nordostsee-Kanal im Verlauf der B 77 vorgesehen ist. Es verfügt über eine FP 16/8, einen Schaum-/Wasserwerfer von Alco und eine Sprühdüse über dem vorderen Stoßfänger zum Selbstschutz. Die Löschmittelmengen betragen 3000 Liter Wasser und 350 Liter Schaummittel. Fahrgestell: MAN 14.224 MA-LF.

Ziegler lieferte 2002 ein TLF 16/25 an die FF Hohenwestedt (Schleswig-Holstein). Fahrgestell: MB Atego 1325 AF.

Die BF Mönchengladbach nahm 2001 dieses TLF 16/25 in Dienst, bei dem sie erstmals ein flottes Design verwirklichte. Fahrgestell: MB Atego 1225 AF, Aufbau: Ziegler.

Das HTLF 16/25 der FF Pfungstadt wurde 2001 von Ziegler nach der Hessen-Richtlinie gebaut. Fahrgestell: MB Atego 1328 AF. Zusätzlich eingebaut ist eine CAFS-Anlage von Hale. Seilwinde 50 kN von Pomp, Stromerzeuger 13 kVA, Lichtmast, 2 Einmannhaspeln (mit Kasten für Bindemittel und Verkehrssicherungsgerät).

Ebenfalls nach der Hessen-Richtlinie ist auch das HTLF 16/25 der FF Rüsselsheim gebaut. Ziegler verwendete auch hier das Fahrgestell MB Atego 1328 AF. Baujahr 2001.

Das neueste Löschfahrzeug der FF Rendsburg ist dieses TLF 24/50, das Ziegler auf dem Fahrgestell MAN 18.285 MAK baute. Es besitzt zusätzlich einen Lichtmast 2 x 1000 Watt. Indienststellung: Mai 2002.

Für die beiden 2002 gelieferten TLF 24/48-P der BF Düsseldorf wurde von Magirus erstmals das Allrad-Fahrgestell Iveco Magirus Cursor 350 (Motorleistung 259 kW, zul. Gesamtgewicht 18.000 kg) verwendet. Die Löschmittel umfassen 4800 Liter Wasser, 500 Liter AFFF, 200 Liter Class A-Foam, 250 kg Pulver (Total).

Das TLF 24/48-P der FF Zweibrücken (Rheinland-Pfalz) wurde von Ziegler auf MB Actros 1831 aufgebaut. Die Pulverlöschanlage PLA 250 stammt von Minimax. Baujahr 2002.

Die FF Neuruppin (Brandenburg) verfügt seit dem 20.1.2002 über ein einzigartiges Tanklöschfahrzeug: ein GTLF 24/100/5 auf MAN 33.364 (6x6) von Ziegler. Es führt 10.000 Liter Wasser und 500 Liter Schaummittel mit.

Das GTLF 6000 der BF Wolfsburg, das seit Juni 2002 dort im Dienst steht, baute Rosenbauer auf dem Scania-Fahrgestell P 114 GB (4x4) auf. Feuerlöschpumpe N 30, 5500 Liter Wasser, 500 Liter Schaummittel.

Die WF ZF Lenkungssysteme, Werk Güggling, besitzt ein TLF 16/20. Es wurde 2000 als Vorführfahrzeug 2000 von Magirus erworben. Das Fahrgestell: Iveco Magirus 100 E 21 ist bei deutschen Feuerwehren einmalig.

Erstmals hat der österreichische Aufbauhersteller Marte ein großes Universallöschfahrzeug an eine deutsche Werkfeuerwehr liefern können. Das HTLF 48/20/15-5-K 60 ging im Januar 2002 zur WF Sasol Germany GmbH in Herne. Fahrgestell: Scania P 114 GB (6x2/2), Motorleistung 250 kW, zul. Gesamtgewicht 25.000 kg. Löschtechnische Einrichtungen: FP 24/8-2,5/40 von Ziegler, 2000 Liter Wasser, 1500 Liter Schaummittel, PLA 500 (Total), 60 kg CO_2. Rotzler Treibmatic 50 kN, Dynawatt-Anlage, Lichtmast 2 x 1000 Watt. 2 Einmannhaspeln, pneumatisch absenkbar.

Die BF Leverkusen beschaffte 2001 von Metz eine DLK 23-12, die auf MB Atego 1528 F mit einer lenkbaren Hinterachse aufgebaut ist.

Die DLK 23-12 CC-GL der FF Montabaur (Rheinland-Pfalz) ist die erste Magirus-Gelenk-Drehleiter auf Fahrgestell MB Atego 1528 F. Sie wurde 2001 geliefert.

Die FF Winnenden (Baden-Württemberg) nahm im Dezember 2001 die erste Magirus-DLK 23-12 CS (Computer stabilized) in Dienst. Es handelt sich um die Vorführleiter von 2000. Fahrgestell: Iveco Magirus 150 E 27.

Die Magirus-DLK 23-12 der FF Hungen (Hessen) auf dem Fahrgestell Scania G 82 M war seit 1985 bei der Stockholmer Feuerwehr im Einsatz. Nach gründlicher Überholung durch die Firma Stützle übernahm sie 2001 die FF Hungen. (Bereits 1998 hatte die FF Elzach (Baden-Württemberg) eine ehemalige Stockholmer Magirus DL 30 gekauft.)

Eine bisher einmalige DLK 23-12 beschaffte die FF Bad Segeberg (Schleswig-Holstein) 2002 von Metz. Sie verfügt nämlich über eine Staffelkabine, außerdem über 4-t-Krananlage und fahrbare Schlauchhaspel. Die Kabinenverlängerung nahm Rosenbauer in „Spaceframe"-Bauweise (Alu-Gerippe mit Kunststoffbeplankung) vor. Fahrgestell: MB Atego 1528 F.

Die FF Pulsnitz (Sachsen) erwarb 2001 die erste Metz-DLK 12-9 LF, ein Vorführfahrzeug vom Baujahr 2000. Sie ist auf dem Fahrgestell MB Atego 1528 aufgebaut und besitzt eine Rosenbauer-FP N 20 (1600 l/min bei 10 bar) und einen Löschwassertank von 1800 Litern Inhalt.

Bisher gab es bei der BF Düsseldorf ausschließlich Magirus-Drehleitern. 2002 wurden zwei DLK 23-12 von Metz auf Fahrgestellen MB Econic 1828 L beschafft. Lackierung: weiß, mit roten Folien und gelben Reflexstreifen.

Zwei DLK 23-12 CC n.B. beschaffte die Berliner Feuerwehr im Jahr 2001 von Magirus. Mit der tiefer gesetzten Kabine und dem fünfteiligen Leitersatz ließ sich eine Fahrzeughöhe von nur 3070 Millimetererzielen. Fahrgestell: MAN 14.225 LC.

Die erste Bronto Skylift TLK 23-12 auf einem Scania-Fahrgestell nahm die FF Marl im März 2002 in Dienst. Das Fahrgestell vom Typ P 114 stammt von 1999. Die TLK 23-12 ist gleichzeitig auch die erste in Nordrhein-Westfalen.

Die erste Magirus ALP 340 erhielt 2001 die FF Bischofsheim (Hessen). Die Korbbelastung der Aerial Ladder Platform beträgt 400 kg. Fahrgestell: Iveco Magirus 180 E 34. Es handelt sich um ein Vorführfahrzeug aus 2000.

Die erste Magirus ALP 320 L nennt die FF Pfungstadt (Hessen) seit Januar 2002 ihr eigen. Das Fahrzeug ist mit Wasserwerfer und Rückfahrkamera ausgestattet. Die Korbbelastung beträgt 325 kg. Fahrgestell: Iveco Magirus 180 E 27.

Die Berliner Feuerwehr konnte endlich am 9.1. 2002 ihre 52-m-Telekopmastbühne vom Typ Wumag WTF 520 übernehmen, nachdem es 2000 bei einer Überführungsfahrt von Krefeld nach Karlsruhe zu einem Schadenfeuer gekommen war. Das dreiachsige Fahrgestell MAN FE 410 A (33.364) ist durch eine Nachlauflenkachse ergänzt.

Die Boehringer Pharma KG beschaffte 2002 für ihre Werkfeuerwehr in Ingelheim ein SLF 60/00/20. Es ist mit einem Teleskopmast Bronto Skylift F 54 HDT ausgestattet und wurde von Ziegler auf dem dreiachsigen Fahrgestell MB Actros 3343/45 mit Nachlauflenkachse von Jung aufgebaut. Die Feuerlöschpumpe ist eine Ziegler-FP 60/10, der Schaummitteltank fasst 2000 Liter, die Schaummittelpumpe mit Antrieb durch einen 41-kW-VW-Motor leistet 800 l/min bei 10 bar.

Kabine und Aufbau des Gerätewagens, Baujahr 2001, der FF Uetersen (Schleswig-Holstein) entsprechen einem LF 8/6. Die Geräteausstattung wurde von Schlingmann ausschließlich nach den Vorgaben der Wehr vorgenommen. Fahrgestell: MB Atego 817 F.

Der erste GW-G in Deutschland auf einem DAF-Fahrgestell ist seit November 2001 bei der FF Wetter (Nordrhein-Westfalen) in Dienst. Fahrgestell: DAF FA 45/150 (Motorleistung 106 kW, zul. Gesamtgewicht 7490 kg), Aluminium-Aufbau: Hering, Balve. Am Heck befindet sich eine Ladebordwand mit 1000 kg Tragkraft. Die Geräteausstattung legte die Wehr selbst fest.

Der RW 2 der FF Schwarzenbek (Schleswig-Holstein) wurde 2001 von Ziegler auf MAN 14.224 MA-LF aufgebaut.

Den ersten Rüstwagen nach dem neuen Normentwurf DIN 14555 (seit Juni 2002 Norm) bestellte und erhielt 2001 die BF Solingen. Schlingmann baute ihn auf einem MAN 19.314 FAK auf.

Die Ortsfeuerwehr Rade der FF Neu Wulmsdorf (Niedersachsen) ist die erste Feuerwehr in Norddeutschland, die einen RW 2 mit Rosenbauer-Aufbau beschaffte. Fahrgestell: MB Atego 1328 AF. Rotzler Treibmatic 50 kN, Generator 20 kVA, Lichtmast 2 x 1000 Watt. Außerdem ist eine Poly-Löschanlage mit 50 Liter Light Water vorhanden. Indienstst.: Mai 2002.

Zeitgleich baute Rosenbauer einen RW 2 auch für die FF Backnang (Baden-Württemberg). Rotzler Treibmatic 50 kN, Generator 30 kVA, Lichtmast 2 x 1500 Watt. Im äußeren Aufbau sind nur geringe Unterschiede zum RW 2 von Rade erkennbar. Auf beiden Seiten und am Heck ist ein Bild des St. Florian auf den Rolläden angebracht.

Die ersten beiden RW 2 mit einem Aufbau der Schweizer Firma Brändle gingen 2001 an die FF Spaichingen und Waldshut-Tiengen (Baden-Württemberg). Fahrgestell ist in beiden Fällen ein MAN ME 280 B, die Aufbauten sind baugleich. Am Heck befindet sich eine Ladebordwand zur Entnahme von Rollcontainern. Das Bild zeigt den Rüstwagen der FF Spaichingen.

Der Rüstwagen „RW 3" der WF BASF, Werk Ludwigshafen, der 2001 in Dienst ging, ist ein RW der Extraklasse und mit keinem genormten Rüstwagen vergleichbar. Die abklappbaren Bordwände, eine Spezialität der Firma Zikun, ermöglichen die Geräteentnahme auf ganzer Länge. Fahrgestell: MAN 33.414 FNLLC (6x4). Generator 75 kVA, Lichtmast 6 x 1500 Watt, Rotzler Treibmatic 80 kN. Am Heck kann ein Gabelstapler eingehängt werden.

Das erste Feuerwehrfahrzeug auf einem „Octopus"-Fahrgestell von Magirus ging im Februar 2002 bei der FF Reutlingen als „GW-Kranzubehör" in Dienst, wird aber intern als RW bezeichnet. Fahrgestell: Titan 4x4 mit Allradlenkung und hydropneumatischer Federung. Motor über der Hinterachse, Leistung 259 kW. Der RW besitzt eine 70-kN-HPC-Winde und einen 30-kVA-Generator (beide hydraulisch angetrieben), zwei Lichtmaste mit je 2 Hochdruck-Natrium- und Metalldampflampen sowie einen Kompressor zum Betrieb eines Plasma-Schneidgerätes, der Hebekissen und pneumatischer Werkzeuge.

Wechselladerfahrzeug der BF Kaiserslautern mit AB-Wasserrettung (von Wendler). Fahrgestell: MB Actros 1831, Wechseleinrichtung: Meiller. Baujahr 2001.

Wechselladerfahrzeug der BF Dresden mit AB-Universal (von Schmitz). Fahrgestell: MAN FE 310 A (6x2/2), Wechseleinrichtung: Multilift. Baujahr 2002.

Das erste und bisher einzige Scania-Haubenfahrgestell bei einer deutschen Feuerwehr nennt das Amt für Brand-Katastrophenschutz und Rettungsdienst des Kreises Anhalt-Zerbst (Sachsen-Anhalt) sein eigen. Es wurde für ein Wechselladerfahrzeug mit Meiller-Wechseleinrichtung verwendet und zusammen mit einem Abrollbehälter-Gefahrgut von Ziegler 2002 in Dienst gestellt. Stationiert ist das WLF in der Feuerwehrtechnischen Zentrale in Zerbst.

Wechselladerfahrzeug der BF Darmstadt mit AB-Atem- und Strahlenschutz (von Schmitz). Fahrgestell: MB Actros 2540 LL (6x4), Wechseleinrichtung und Ladekran: Meiller. Baujahr 2002. Nach wie vor werden alle Darmstädter Fahrzeuge in Rubinrot (RAL 3003) lackiert.

Die BF Mannheim nahm im Frühjahr 2002 einen neuen Feuerwehrkran FwK 60, Modell Liebherr LTM 1060/2, in Dienst. Von den vier Achsen des Fahrgestells sind die Achsen 3 und 4 angetrieben (Achse 1 kann zugeschaltet werden) und die Achsen 1 und 2 sowie die Achsen 3 und 4 (zuschaltbar) lenkbar. Das Fahrgestell verfügt über eine hydropneumatische Federung, ABS und ASR. Der Antrieb erfolgt durch einen Liebherr-Sechszylinder-Dieselmotor mit einer Leistung von 270 kW. Die maximale Hubhöhe des fünfteiligen Kranauslegers beträgt 42 Meter. Am Heck ist eine 80-kN-Rotzler Treibmatic und eine Abschleppeinrichtung für 80 kN Traglast angeordnet. Auf Wunsch der BF wurde eine Löschwasserleitung zur Kranspitze fest installiert, sodass der FwK auch als Löscharm eingesetzt werden kann.

Fast zeitgleich erhielt auch die BF Kaiserslautern ihren FwK 60, Modell Liebherr LTM 1060/2. Er entspricht technisch dem FwK von Mannheim, verfügt aber nicht über eine Löschwasserleitung.

Zum FwK 60 der BF Mannheim gehört dieses WLF mit dem AB-Kran. Fahrgestell: MB Actros 2640 (6x4). Ladekran Atlas mit maximaler Tragkraft 2440 kg bei 4,40 m Ausladung, Atlas-Winde mit 1000 kg Zugkraft (beide funkferngesteuert). Baujahr 2002.

Ein äußerst vielseitiges Arbeitsgerät der BF Mannheim ist der 2002 beschaffte Teleskoplader des italienischen Herstellers Merlo. Wahlweise kann er als Radlader und Gabelstapler eingesetzt werden. Da die Schwenkarme teleskopierbar sind, wird eine maximale Ladehöhe von 5,95 m erzielt. Das wendige Fahrzeug verfügt über permanenten Allradantrieb, Allradlenkung und Differenzialsperre. Die Reifen sind nicht luftgefüllt, sondern ausgeschäumt. Antrieb des 6000 kg schweren Laders erfolgt durch einen Perkins-Vierzylindermotor mit einer Leistung von 73 kW.

Das erste Flugfeldlöschfahrzeug Magirus „Impact" in Europa erhielt 2001 der City Airport Mannheim. Das FLF 50/54/6,5-P 250 ist auf einem Single-bereiften zweiachsigen Fahrgestell Iveco Magirus MP 190 E 42 aufgebaut und führt 5400 Liter Wasser und 650 Liter Schaummittel mit. Außerdem sind eine PLA 250 und eine 90-kg-CO_2-Anlage von Minimax eingebaut.

Der Flughafen Münster-Osnabrück ergänzte seinen Fahrzeugpark 2001 durch ein HTLF 24/30. Es wurde von Ziegler auf einem MAN 18.285 aufgebaut. Löschtechnische Einrichtungen: FP 24/8-2,5/40, Löschwassertank 3000 Liter, Schaummitteltank 200 Liter.

2001 erhielt der Flughafen Hannover sein erstes FLF 14000/1000 von Rosenbauer, Modell „Panther AT". Das MAN-Fahrgestell 36.1000 VFAEG (8x8) ist für ein zul. Gesamtgewicht von 40.000 kg ausgelegt und besitzt einen 735 kW leistenden MAN-Motor. Die Löschmittel umfassen 12.500 Liter Wasser, 1600 Liter AFFF und 1000 kg Pulver (Total). Die Feuerlöschpumpe ist eine R 1000 (FP 80/10).

Das neueste Löschfahrzeug des Flughafens Hannover ist ein HLF 3300, ausgeliefert im Februar 2002. Es wurde von Rosenbauer auf MAN 19.414 FAEC aufgebaut. Es besitzt eine Feuerlöschpumpe NH 30 (FP 30/8-2/40) und führt 3000 Liter Wasser und 300 Liter Schaummittel mit.

Ein Sattelzug mit MAN-Zugmaschine, Typ TG 410 A mit einer Motorleistung von 301 kW, wurde Anfang 2002 bei der Feuerwehr Hamburg für die Fahrschulausbildung in Betrieb genommen. Mit ihm können ggf. Einsatzgüter aller Art transportiert werden. Die Nutzlast beträgt 27.600 kg. Am Heck befindet sich eine Ladebordwand.

Der zweite Fahrschulwagen der BF Hamburg basiert auf einem MAN LE 250 B mit Pritsche von Jessen (Hamburg). Er wurde Mitte 2002 in Betrieb genommen.

Der im Juli 2002 in Dienst genommene GW-Versorgung der Hamburger Feuerwehr dient zur Verpflegung von Einsatzkräften bei langandauernden Einsätzen. Das Fahrgestell ist ein MB Atego 812 (übrigens der erste Atego bei der BF/FF Hamburg). Die Firma Wille, Lüneburg, fertigte den Koffer an und nahm die Innenausstattung, bestehend aus Einbauküche, Spüle und Kühlschrank, vor. Am Heck ist eine Ladebordwand angeordnet.

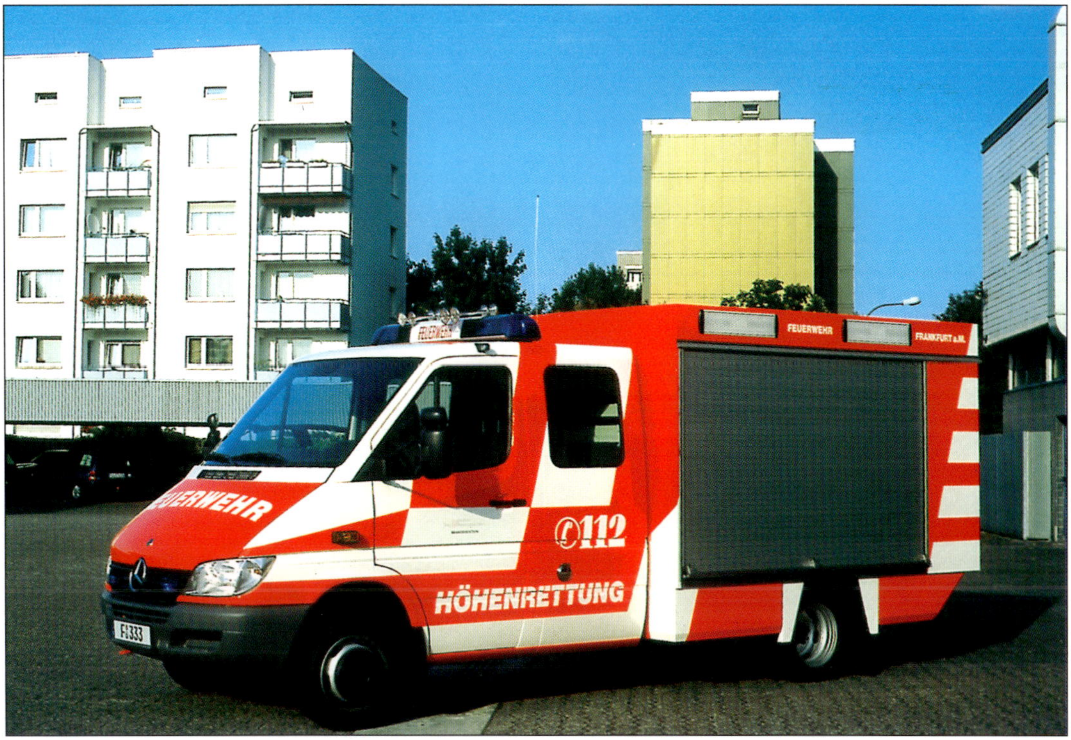

Die Höhenrettungsstaffel der BF Frankfurt verfügt seit August 2002 über diesen GW-Höhenrettung auf der Basis des MB Sprinter 416 CDI, der Koffer stammt von Firma Hartmann.

Der GW-Wasserrettung der FF Fulda, Baujahr 2002, basiert auf dem Iveco Ducato 50 C 13 (92 kW, zul. Gesamtgewicht 5200 kg). Der Innenausbau erfolgte durch Magirus.

Zur Warnung der Bevölkerung hält die FF Marl mehrere so genannte Warnfahrzeuge vor. Dieses „Wafa" ist ein VW Lupo mit 37-kW-Benzinmotor.

Die FF Reutlingen besitzt einen VW Lupo 1,7 SDI für allgemeine Dienstfahrten. Er ist mit einer Sondersignaleinrichtung ausgestattet.

Als KdoW setzt die FF Pinneberg (Schleswig-Holstein) diesen Renault Kangoo (1,9-Liter, 59 kW) ein, den sie 2002 anschaffte.

Der Smart der BF Flensburg ist ebenfalls mit einer Sondersignaleinrichtung ausgestattet. Man beachte das polizeiliche Kennzeichen dieses MCC Smart: FL-112.

Die FF Fulda beschaffte 2002 diesen Mercedes-Benz A 160 mit 75-kW-Motor als KdoW.

Neuheiten in Europa

von Wolfgang Rotter und Jochen Thorns

Europa rückt zusammen, nicht nur politisch, sondern auch im Feuerwehrwesen. Gemeinsame Einsätze in Grenzregionen sind vielerorts an der Tagesordnung. Und auch in der Feuerwehrtechnik scheint es ein gemeinsames „Feuerwehr-Europa" zu geben. Denn die Fahrzeuge gleichen sich technisch immer mehr, und die meisten Aufbauhersteller sind schon lange keine nationalen Lieferanten mehr, sondern vielmehr „Continental-Player". Als Beispiele seien hier nur Brändle, Bronto Skylift, Magirus, Metz, Rosenbauer und Ziegler genannt. Sie liefern – wie viele andere Firmen auch – europaweit ihre Produkte an die Feuerwehren aus. Trotz aller Verschiedenartigkeit der Fahrzeuge und der Fahrzeugkonzepte in den einzelnen Staaten, wird sich der Trend zur Standardisierung mit der Einführung der Europäischen Normen in den kommenden Jahren weiter fortsetzen.

Daher wollen wir auch in diesem Jahr wieder eine kleine, aber feine Auswahl von Einsatzfahrzeugen der Feuerwehren der europäischen Nachbarstaaten in Wort und Bild vorstellen. Obwohl der Umfang gegenüber den vergangenen Jahren gesteigert werden konnte, reicht der Platz in diesem Kapitel natürlich nicht aus, einen auch nur annähernd vollständigen Überblick über die Fahrzeugausstattung zu geben. Die getroffene Auswahl kann immer nur punktuell besondere Fahrzeuge vorstellen.

Besonderer Dank für die Unterstützung gilt in diesem Jahr Henri de Beul (Belgien), Rune Fotland (Norwegen), Brian Sarre (Guernsey), Thomas Hörl (Österreich) sowie Olaf Huth, Thorsten Niedermann, Hans-Joachim Profeld und Dirk Wieczorek (Deutschland).

Ein ELF-Boot auf einem Mercedes-Benz Sprinter 413 CDI beschaffte die Feuerwehr Sand i. Taufers (Südtirol). Eingesetzt wird dieses Fahrzeug sowohl für die Einsatzleitung als auch bei Einsätzen der Bootsgruppe. Der Ausbau erfolgte durch die Firma Kofler.

Foto: Thorsten Niedermann

Kleintanklöschfahrzeug der Feuerwehr Biel-Bienne (Kanton Bern). Als Fahrgestell dient ein Chevrolet Commercial Cutaway mit einem 145-kW-Dieselmotor. Aufbau: Hauser. Der Wassertank fasst 1000 Liter, die Pumpe leistet 2900 l/min bei 10 bar oder 25 l/min bei 250 bar. Foto: Hans-Joachim Profeld

Dieser Bronto Skylift F 37 HDT auf Scania P 124-Fahrgestell wird von der Feuerwehr Neuchâtel eingesetzt. Der Gerätekoffer wurde von der Firma Vogt gefertigt. Als Zusatzausstattung verfügt das Fahrzeug über eine Typ-III-Pumpe (1800 l/min bei 10 bar oder 50 l/min bei 50 bar) und einen 6,5-kVA-Stromerzeuger. Foto: Hans-Joachim Profeld

Falck beschaffte im Jahr 2001 etwa 40 dieser RTW auf Basis des Mercedes-Benz Sprinter 316 CDI mit WAS-Ausbau. Das abgebildete Fahrzeug ist bei Falck Dalum (Odense) stationiert.

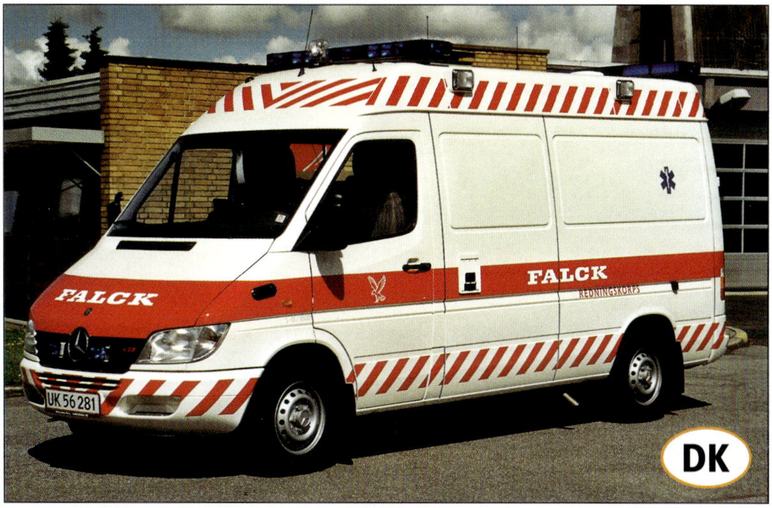

Foto: Olaf Huth

Falck in Give erhielt im Dezember 2000 diesen Lifttender auf MAN 18.284. Aufbau: Falck-Zentralwerkstatt Kolding. Es handelt sich um ein Kombinationsfahrzeug aus Hubrettungsfahrzeug (Arbeitshöhe 24 Meter; Korb für drei Personen), Tanklöschfahrzeug und Schlauchwagen. Weitere Ausstattung: 1200-l-Wassertank, 1200-l/min-Pumpe, 500 m B-Schlauch,3-kVA-Generator, Lichtmast: 5 x 500 W. Das Fahrzeug wurde vor allem für den Brandschutz am Flughafen Billund beschafft, der sich im Ausrückebereich befindet.

Foto: Olaf Huth

Redningsvogn (Rüstwagen mit Kran) auf MAN LE 280 B, Aufbau Nielsen, Baujahr 2001, Standort: Falck Vejle. Am Heck bindet sich ein HMF 800-Kran. Das Fahrzeug ist für das gesamte Amt Vejle zuständig. Teile des Aufbaus stammen von dem Vorgängermodell, einem Ford Cargo-Rüstwagen, der am Jahresende 2000 bei einem Unfall schwer beschädigt worden war.

Foto: Olaf Huth

Falck Gudme erhielt 2001 diese Tanksprøite (Tankwagenlöschfahrzeug) auf MAN LE 280 B mit Ribe-Aufbau. Der Wassertank fasst 8000 Liter, die FP 8/8 stammt von Ruberg. Foto: Olaf Huth

Falck Otterup beschaffte diese Autosprøite (TLF) auf MAN 14.224 mit Nielsen-Aufbau im Jahr 2000.
Wassertank: 2000 Liter, Schaummitteltank: 150 Liter, Pumpe: Ruberg FP 16/8. Foto: Olaf Huth

Die Freiwillige Feuerwehr Sonderburg beschaffte diesen 8000-Liter-Wassertankwagen auf Mercedes-Benz Atego 1828 (Aufbau: Ringe Karosserie RK-8000) bereits im Jahr 2000. Foto: Olaf Huth

Ebenfalls im Jahr 2000 erhielt die Feuerwehr Sonderburg diesen Gelenkmast F 32 MDT 2000 von Bronto Skylift. Fahrgestell: Mercedes-Benz Atego 1828. Foto: Olaf Huth

Als weltweit erste Feuerwehr beschaffte die Berufsfeuerwehr Kopenhagen im Jahr 2002 ein Tanklöschfahrzeug auf der Basis des MAN TG-A (MAN 18.314 4x2) mit einem Aufbau von Rosenbauer Norge. Löschmittel: 2000 Liter Wasser, 150 Liter Mehrbereichsschaummittel, 50 Liter Class-A-Schaummittel. Pumpe: Rosenbauer NH 30 (3000 l/min bei 10 bar oder 400 l/min bei 40 bar). Zusätzlich sind eine hydraulisch angetriebene Hochdrucklöschanlage UHPS und eine Druckluftschaumanlage von Rosenbauer vorhanden. Foto: Rosenbauer Norge

Diese Autosprøite (TLF) des Middelfart Brandvaesen auf MAN 14.284 mit Ringe Karosserie-Aufbau verfügt über einen 3000-l-Wassertank, eine Rosenbauer NH-20-Pumpe und einen Aluminium-Aufbau. Foto: Olaf Huth

Auch Horsens Kommune Brand-og Redningsberedskab stellte eine Autosprøite in Dienst. Der Scania P 94 D wurde 2001 von Ringe Karosserie gebaut. Wassertank: 2000 Liter, Pumpe: Rosenbauer NH 20. Foto: Olaf Huth

Die Freiwillige Feuerwehr Felsted kaufte im Jahr 2001 diesen 9000-Liter-Tankwagen mit einem Aufbau des Ribe Karosseriecenters. Fahrgestell: Mercedes-Benz Atego 1823. Foto: Olaf Huth

Einen Teleskopmast F 32 RL von Bronto Skylift beschaffte die Feuerwehr Fredericia auf der Basis des Mercedes-Benz Actros 1840 im Jahr 2000. Foto: Olaf Huth

Dieser Rüstwagen („Pioniervogn") der Feuerwehr Odense wurde im Jahr 2000 von Ringe Karosserie auf einem Mercedes-Benz Atego 1523 aufgebaut. Das Fahrzeug verfügt über Geräte zur umfangreichen technischen Hilfeleistung. Das Fahrzeug führt einen Rollwagen, einen Handwagen, einen Lichtmast sowie zwei Sackkarren, zwei Stromerzeuger, vier Schleifkorbtragen, einen Wassersauger sowie einen rollbaren Druckluftkompressor mit. Foto: Olaf Huth

Im April 2002 stellte Rosenbauer seinen neukonstruierten AT-Aufbau in Aluminium-Technologie vor. Als erstes Fahrzeug wurde für den österreichischen Markt dieses Vorführfahrzeug eines Rüstlöschfahrzeugs RLFA 2000/200-Fix Mix-AT gebaut. Gegenüber dem acht Jahre lang in Serie gefertigten „AT 1"-Aufbau wurden zahlreiche Verbesserungen vorgenommen. Fahrgestell: Mercedes-Benz 1528 AF. Löschmittel: 2000 Liter Wasser, 200 Liter Schaummittel. Pumpe: Rosenbauer NH 30.

Foto: Jochen Thorns

„Brandneu" ist Seiwalds Antwort auf den „AT 2" von Rosenbauer. Die Oberalmer Firma präsentierte Ende Juli 2002 das erste Fahrzeug im neuem Design. Das abgebildete Fahrzeug erhält die Freiwillige Feuerwehr St. Georgen; Löschzug Eching (Salzburg). Als Fahrgestell verwendete man einen MAN 18.285 LAK. Es werden 3000 Liter Wasser und 140 Liter Schaummittel mitgeführt und über die Einbaupumpe (Ziegler HMP 24) ausgebracht. Eine Rotzler-Treibmatic-Seilwinde (70 kN) und ein Lichtmast (4 x 1000 W) zählen zur Ausrüstung dieses Fahrzeugs.

Foto: Thomas Hörl

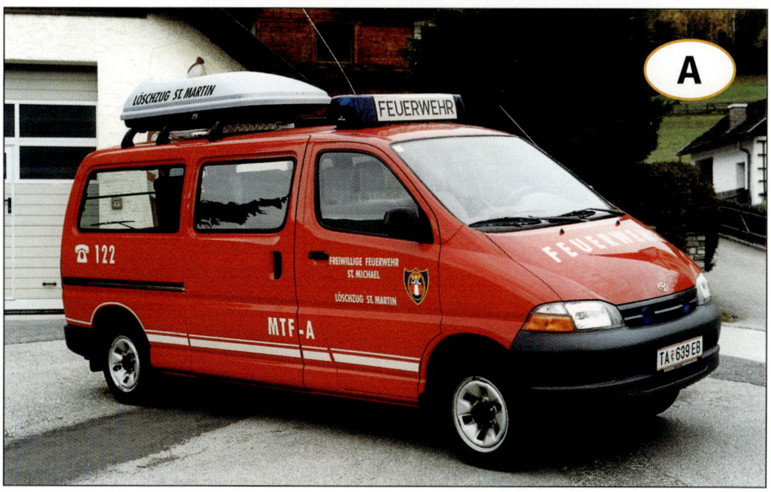

Allradangetriebener MTW auf Toyota Hiace 4WD der Freiwilligen Feuerwehr St. Michael; Löschzug St. Martin (Salzburg), Baujahr 2000. Im Dachskiträger wird diverses Kleinmaterial mitgeführt.

Foto: Thomas Hörl

Die Freiwilligen Feuerwehr Rinn (Tirol) stellte vor wenigen Wochen dieses neue LFB-A in Dienst. Das Fahrzeug wurde von der Firma Marte aus Vorarlberg auf einem Mercedes-Benz Vario 815 DA aufgebaut und verfügt außer einem hydraulischen Rettungssatz auch über einen Stromerzeuger und einen Lichtmast. Foto: Thomas Hörl

Dieses einzelbereifte LF-A wurde 2001 bei der Freiwilligen Feuerwehr Mariapfarr (Salzburg) in Dienst gestellt. Die Firma Seiwald baute das Fahrzeug auf einem Iveco 135 E 23 auf. Foto: Thomas Hörl

In der Lungauer Bezirkshauptstadt Tamsweg (Salzburg) entschied man sich für den Ankauf eines neuen TLFA 4000. Das Fahrgestell lieferte Iveco (Typ: 190 E 35), Lohr fertigte den Aufbau. Baujahr: 2001. Foto: Thomas Hörl

Versorgungsfahrzeug-Allrad (VF-A) der Freiwilligen Feuerwehr Eugendorf (Salzburg). Das Fahrzeug wurde von Seiwald auf einem Mercedes-Benz Sprinter 416 CDI aufgebaut. Im Heck befindet sich ein ausziehbarer Schlitten, der je nach Bedarf beladen werden kann. Baujahr 2002. Foto: Thomas Hörl

Schön anzuschauen ist auch dieses TLFA 4000 der Freiwilligen Feuerwehr Anif; Löschzug Niederalm (Salzburg). „Patriotisch" wählte man für das Fahrgestell einen Steyr 18 S 28 – den Aufbau fertigte die im nahen Oberalm ansässige Firma Seiwald. Dachmonitor (SM 24), Stromerzeuger (13,2 kVA), Umfeldbeleuchtung und Schnellangriff (1 x 60 m, 1 x 80 m) zählen zur umfangreichen Ausstattung des Fahrzeugs. Außer 4000 Litern Wasser werden auch 300 Liter Schaummittel mitgeführt. Die Einbaupumpe stammt von Ziegler (HMP 24). Foto: Thomas Hörl

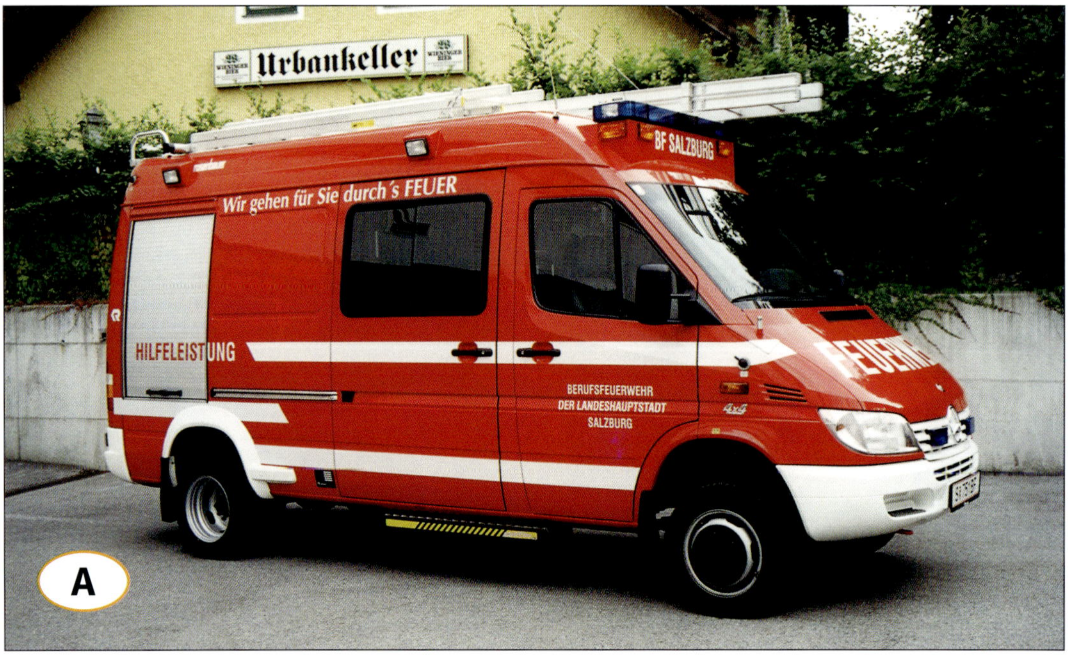

Die Berufsfeuerwehr Salzburg ersetzte Anfang 2002 ihr altes HLF (Hilfeleistungsfahrzeug). Mercedes-Benz lieferte das neue Fahrzeug (Sprinter 416 CDI), Rosenbauer übernahm den Ausbau. Foto: Thomas Hörl

Dieses Rüstfahrzeug mit Container wurde von Rosenbauer für das Katastrophenschutzministerium in Russland gebaut. Das auf einem Mercedes-Benz Atego 1325 AF aufgebaute Fahrzeug verfügt über einen Heckkran (Hiab 071AW), der u. a. der Entnahme des im Aufbau befindlichen Gerätecontainers dient. Ein Drehstromgenerator (20 kVA), eine elektrische Frontanbauseilwinde (35 kN) und ein pneumatisch ausfahrbarer Flutlichtmast (2 x 1500 W) zählen zur Ausrüstung dieses Fahrzeugs, das luftverladefähig gebaut wurde. Foto: Thomas Hörl

Anfang 2002 stellte die Guernsey Fire Brigade diesen von Saxon ausgebauten Steyr „Pinzgauer" als „leichtes Tanklöschfahrzeug" in Dienst. Das Fahrzeug ist mit einem 675 Liter fassenden Wassertank und einer Tragkraftspritze, die eine Förderleistung von 750 l/min bei 7 bar aufweist, ausgestattet. Foto: Brian Sarre

Im Januar 2002 stellte die Feuerwehr Sandnes dieses von Rosenbauer/Norge auf einem MAN 14.285 aufgebaute Tanklöschfahrzeug in Dienst. An Löschmitteln werden 2500 Liter Wasser und 100 Liter Schaummittel mitgeführt. Als Feuerlöschkreiselpumpe wurde eine Rosenbauer NH 30 eingebaut. Zur weiteren Ausstattung gehört ein 6-kVA-Stromerzeuger und ein Lichtmast, der mit drei 500-Watt-Scheinwerfern bestückt ist.

Foto: Rune Fotland

Auf einem Mercedes-Benz Atego 1325 baute Rosenbauer/Norge das neue Tanklöschfahrzeug der Feuerwehr Klepp auf. An Löschmitteln führt dieses TLF 2700 Liter Wasser und 100 Liter Schaummittel mit. Außer einer Rosenbauer-Pumpe des Typs NH 30 verfügt dieses Fahrzeug über einen 6-kVA-Generator und einen mit drei 500-Watt-Scheinwerfern bestückten Lichtmast.

Foto: Rune Fotland

An die Feuerwehr Øygarden lieferte Rosenbauer/Norge dieses auf einem Volvo FM 12 aufgebaute Großtanklöschfahrzeug. Der Löschmittelvorrat dieses Fahrzeugs beträgt 10500 Liter Wasser und 500 Liter Schaummittel. Als Feuerlöschkreiselpumpe wurde eine Rosenbauer NH 30 eingebaut. Zur Abgabe der Löschmittel verfügt dieses Fahrzeug über einen Stoßstangen- sowie über einen Dachwerfer.

Foto: Rune Fotland

Auf einem MAN 26.364 baute Rosenbauer/Belgium das neue TroLF 6000 der Berufsfeuerwehr Antwerpen auf. Die Pulverlöschanlage stammt von Total. Zur Abgabe des Pulvers verfügt dieses Fahrzeug über ein Wenderohr und zwei Schnellangriffseinrichtungen.

Foto: Henri de Beul

Im Januar 2002 stellte die Feuerwehr Dendermonde diesen Teleskopmast des Typs Bronto Skylift F 32 RL in Dienst. Als Fahrgestell fand ein Scania 94 G 310 (4x2), der mit einer werkseitigen Mannschaftskabine ausgestattet ist, Anwendung.

Foto: Henri de Beul

Bei der Firma Vanassche ließ die Feuerwehr Temse dieses Rüstfahrzeug fertigen und stellte es in der ersten Hälfte des Jahres 2002 in Dienst. Als Fahrgestell wählte die Feuerwehr Temse einen Mercedes-Benz Atego 1225. Foto: Henri de Beul

Rosenbauer Spanien fertigte das zum Jahresende 2001 in Dienst gestellte neue Atemschutzfahrzeug der Berufsfeuerwehr Antwerpen. Als Fahrgestell kam ein MAN 14.224 LC-Fahrgestell zur Anwendung. Zur Beladung dieses Fahrzeuges gehören unter anderem 45 Atemschutzgeräte des Typs Dräger PA 80 und zwölf Kreislaufgeräte. Foto: Henri de Beul

An die Feuerwehr Sint Niklaas lieferte Rosenbauer/Belgium dieses auf einem MAN FE 360 A-Chassis aufgebaute GTLF 8000. Der Löschmittelvorrat dieses Fahrzeugs beträgt 8000 Liter Wasser und 245 Liter AFFF-Mehrbereichsschaummittel. Als Feuerlöschkreiselpumpe baute Rosenbauer eine NH 20 mit Fix Mix-Schaumzumischung ein. Die Indienststellung dieses Fahrzeuges erfolgte im Dezember 2001.

Foto: Henri de Beul

Im Jahr 2002 kaufte die Feuerwehr Zaventem dieses „schwere Hilfeleistungstanklöschfahrzeug" auf einem Scania P 94 D mit Vanassche-Aufbau. Löschmittel: 2500 Liter Wasser, 50 Liter Class-A-Schaummittel, 200 Liter Class-B-Schaummittel. Die kombinierte HD/ND-Feuerlöschkreiselpumpe von Ziegler fördert 3000 bzw. 250 l/min. Außerdem ist eine Druckluftschaumanlage vorhanden.

Foto: Dirk Wieczorek

Die Feuerwehr Leuven erhielt im Jahr 2001 dieses Waldbrandtanklöschfahrzeug auf Mercedes-Benz Unimog U 2450 L mit Vanassche-Aufbau. Löschwasserbehälter: 4000 Liter. 1850-l/min-Pumpe.

Foto: Dirk Wieczorek

Diesen RW 2-Kran stellte die Brandweer Enschede im Jahr 2001 In Dienst. Fahrgestell: Mercedes-Benz Actros 1831 AF, Aufbau: Ziegler (Niederlande), Hiab-Ladekran. Foto: Dirk Wieczorek

Diese „Tankautospuit" (TLF) wurde im Jahr 2001 von Ziegler (Niederlande) auf einem Mercedes-Benz Atego 1325 F für die Brandweer Enschede realisiert. Plastisol steuerte den Kunststoffaufbau bei. Löschwassertank: 2000 Liter. Foto: Dirk Wieczorek

Dieses Waldbrandtanklöschfahrzeug auf DAF FFV 75.290 CF erhielt die Brandweer De Bilt im Jahr 2001. Der Aufbau stammt von Plastisol, der Innenausbau erfolgte durch die benachbarte Brandweer Zeist, die alle ihre Fahrzeuge in den vergangenen 15 Jahren selbst gebaut hat. Löschwassertank: 6250 Liter, als Pumpe ist eine TS „Fox" verlastet.

Foto: Dirk Wieczorek

WLF der Brandweer Soest auf Ginaf X 3335 S 380/Technamics, Baujahr 2002. Der AB-Tank entstand im Jahr 1996 im Eigenbau (5000 Liter Wasser, TS 16/8).

Foto: Dirk Wieczorek

Das neue Standard-Tanklöschfahrzeug der Brandweer s'Gravenhage (Den Haag) wurde im Jahr 2001 von Ziegler (Niederlande) auf einem DAF FF55.235-15 aufgebaut. Löschwassertank: 1500 Liter, kombinierte Hochdruck/Niederdruckpumpe.

Foto: Dirk Wieczorek

Dieser RW 2-Kran wurde im Jahr 2002 von Mucar auf einem MAN ME 280 B aufgebaut. Der Ladekran stammt von Atlas. Brandweer Venlo.

Foto: Dirk Wieczorek

Acht Tage an der Donau entlang

Historische Feuerwehrautomobile

von Hans-Joachim Profeld

Zu einer einzigartigen Feuerwehr-Rallye mit einer Entfernung von rund 850 km Fahrtstrecke starteten am 2. September 2001 insgesamt 13 historische Feuerwehrautomobile samt Besatzung in historischer Feuerwehruniform von Donaueschingen entlang der schönen blauen Donau bis nach Wien.

Acht Tage war der Tross auf Bundes- bzw. Landstraßen unterwegs, und ohne größere Pannen erreichten die betagten Fahrzeuge allesamt termingerecht ihren Zielort Wien.

Sinn und Zweck sollte dabei sein, auf die humanitäre und völkerverbindende Arbeit der Feuerwehr hinzuweisen. Organisiert hatte die Oldtimerfahrt Kreisbrandmeister Karl Hermann (Nehren), und gefördert und unterstützt wurde das Vorhaben vom Landesfeuerwehrverband Baden-Württemberg. 13 ausgewählte Feuerwehr-Oldtimer nahmen teil:

Austro-Daimler DF 4, Pumpenwagen, Baujahr 1912, Wiener Feuerwehr

Bereits 1986 zum 300-jährigen Jubiläum der Wiener Feuerwehr war dieser Oldtimer ein Highlight unter einer ganzen Reihe von restaurierten Feuerwehrfahrzeugen anläßlich eines großen Fahrzeugkorsos.

Bei der Internationalen Sternfahrt 1999 in Krumpendorf am Wörther See (Österreich) errang das historische Feuerwehrautomobil zudem eine Prämierung.

Das in seiner Bauweise auf das Jahr 1912 zurückgehende Fahrzeug gab es zu jener Zeit in der Version eines Pumpenwagens mit ca. 30 PS. Es hat vier Sitzplätze (einschließlich Fahrer). Gegen Witterungsverhältnisse mußten die Feuerwehrmänner allerdings weitgehend unempfindlich sein, war doch das Fahrzeug ohne jeglichen Wetterschutz und ohne Windschutzscheibe.

Mit einem stattlichen Alter von mittlerweile 90 Jahren ist der betagte "Löschtrain" noch immer vital und rüstig und beinahe noch ganz so leistungsfähig wie in alten Zeiten.

Austro-Daimler DF 4, Baujahr 1912, der Wiener Feuerwehr

Fiat-Autospritze, Baujahr 1922, der Freiwilligen Feuerwehr Schwertberg (Oberösterreich)

Fiat-Automobil, Baujahr 1922, Freiwillige Feuerwehr Schwertberg (Oberösterreich)

Gehegt und gepflegt wird dieses historische Automobil von Feuerwehr-Enthusiasten aus Schwertberg. In Dienst gestellt wurde es von der Freiwilligen Feuerwehr 1929. Bis 1954 fand es dann im Einsatzdienst Verwendung.

Das Fahrgestell ist ein Fiat M 501, der Motor leistet 26 PS. Die Vorbaupumpe fördert etwa 750 l/min. Drei Sitzplätze stehen für die Besatzung zur Verfügung.

Bei einer Vielzahl von Oldtimerveranstaltungen war das "Schnauferl" schon anzutreffen. So auch in Gmunden am Traunsee in Österreich, wo das Fahrzeug per Bild festgehalten wurde.

Mit 80 Jahren noch rüstig und mobil, wahrlich eine zähe Natur. Es hat somit durchaus gute Chancen, auch das 100. Lebensjahr noch zu erreichen.

Ford T Autospritze, Baujahr 1923, Privatbesitz

15 Millionen Automobile vom Modell T baute Henry Ford in den USA in der zivilen Version von 1908 bis 1927 in fast unveränderter Ausführung - ein Weltrekord zu jener Zeit! Als Feuerwehrfahrzeug indes fand man es eher selten. Gerade deshalb ist dieses "Töfftöff" eine Besonderheit. In Deutschland ist es ohnehin so ziemlich einmalig, abgesehen von einigen ganz wenigen Einzelexemplaren in Privathand bzw. in einem Feuerwehrmuseum.

In den USA gibt es zuweilen aus der Zeitepoche von 1916-1919 noch einige Ausführungen vom Typ Ford T (oder TT)/American LaFrance. Diese zierlichen Feuerwehr-Schnauferl sind teilweise mit einem kleinen Wassertank ausgestattet und können sogar Schaum liefern.

Das hier abgebildete Fahrzeug stammt zwar aus Amerika, lief dann aber in Holland (mit Aufbau der Firma Bikker & Zoon, Rotterdam/Holland) und ist heute in Privatbesitz in Baden-Württemberg.

Die Motorleistung beträgt rd. 20 PS, die Höchstgeschwindigkeit liegt bei rd. 70 km/h. Der Einbau der Pumpe befindet sich unter dem Fahrersitz. Bemerkenswert die Holzspeichenräder mit Luftbereifung! Als Signaleinrichtung weist das Fahrzeug eine Handglocke, ein unorthodoxes Geräuschinstrument sowie eine Kompressorpfeife auf.

Magirus-Autospritze, 1924/25, Freiwillige Feuerwehr Engen (Baden-Württemberg)

Mit Beginn der Automobilisierung bei den Feuerwehren gab Anfang der 20er Jahre die Stadt Engen (damals noch in "Baden") für ihre Freiwillige Feuerwehr jene Magirus-Autospritze vom Typ "Bayern" in Auftrag.

Ford T-Autospritze, Baujahr 1923, Privatbesitz

Magirus-Autospritze, Baujahr 1924/25, der Freiwilligen Feuerwehr Engen

Aufgebaut ist das Fahrzeug auf einem 1,5-Tonnen-Fahrgestell (1 C). Der Motor vom Typ V 95 hat eine Leistung von 34 PS, die Fahrgeschwindigkeit liegt bei 45 km/h.

Die heckseitig eingebaute "Hochdruckzentrifugalpumpe" Z I erbringt eine Leistung von 1 000 l/min bei einer gesamtmanometrischen Förderhöhe von 60 m.

Für die Besatzung stehen auf den beiden Längsbänken je drei Sitzplätze zur Verfügung. Die Fahrersitzbank ist mit Zugangstüren versehen (damals gab es wahlweise auch den offenen Seitenzugang) und als Zusatzeinrichtung ist ein Leitergerüst aufgebaut.

Vollgummibereifung und Rechtssteuerung sind zwei weitere charakteristische Merkmale aus jener Zeit. Der Kaufpreis belief sich damals auf rd. 36.000 Mark. Bis 1950 fand das Fahrzeug im Einsatzdienst Verwendung. Zu besonderen Anlässen knattert es heute noch über die Landstraße. Weiteste Reise dürfte wohl der Besuch (allerdings nicht durchgängig auf eigener Achse) in die Toskana, nahe Florenz, gewesen sein.

GARFORD (USA), Baujahr 1925, Privatbesitz

Bereits das 75ste Lebensjahr überschritten hat mittlerweile dieser Garford aus Lima, Ohio (USA), und noch immer ist er fahrbereit. Bis 1968 bei einer Feuerwehr in Sydney (Australien) im Einsatz, ist dieses Feuerwehrautomobil heute in Rietlingen (Donau) bei einem Privatbesitzer beheimatet.

Zahlreiche Ausfahrten hat es schon hinter sich, wobei es stets die Aufmerksamkeit der Betrachter auf sich zieht. Zu fahren ist es sicher nicht ganz einfach, immerhin hat es Rechtssteuerung. Zudem bläst einem der Wind stets kräftig ins Gesicht. Glaubte man doch damals noch, ohne Windschutzscheibe auskommen zu können.

Garford Pumper, Baujahr 1925, Privatbesitz

Benz-Autospritze, Baujahr 1926, der Freiwilligen Feuerwehr Wolfach

Benz-Kraftfahrspritze, Baujahr 1926, Freiwillige Feuerwehr Wolfach (Baden-Württemberg)

Wie häufig bei betagten Feuerwehrautomobilen, hat auch dieses Fahrzeug aus Gaggenau seine ureigene Lebensgeschichte. In Dienst gestellt wurde die Benz-Spritze in Wolfach 1926. Treu und brav versah sie dann über viele Jahrzehnte hinweg ihre Einsatztätigkeit, ehe sie ins Alter kam und modernere Fahrzeuge sie aus dem Einsatzgeschehen verdrängten. Das bittere Ende ließ sich schließlich nach rd. 40 Jahren nicht verhindern. 1967 wurde sie verkauft. Zumindest endete sie nicht bei einem Schrotthändler, sondern 1970 nahm sich der Schnauferl-Club der Landesgruppe Westfalen dieses Oldtimers an.

20 Jahre mußten dann vergehen, ehe sich Feuerwehrangehörige in Wolfach wieder auf die Benz-Spritze besannen und Nachforschungen anstellten. Man wurde fündig. Rund 600 km entfernt stand sie bei der Fliegerhorstfeuerwehr der Heereswaffenschule in Bückeburg/Westf.

Nach zögerlicher Reaktion des Allgemeinen Schnauferl-Clubs als Besitzer, gelang es schließlich, noch im gleichen Jahr (1994) die Überführung auf einem Tieflader in die alte Heimat Wolfach zu erreichen.

Nach einer langwierigen Verjüngungskur erstrahlt die historische Spritze nunmehr wieder in ihrem einstigen Glanz. Mehrfach war sie schon auf Tour, und sogar am übungsmäßigen Schloßbrand in Karlsruhe anläßlich des 75-jährigen Bestehens der Berufsfeuerwehr im Juli 2001 zeigte sie ihre noch immer währende Leistungsfähigkeit.

Der "Benz" hat 40 PS, Rechtsteuerung und Vollgummibereifung. Sein Gewicht liegt bei 4.600 kg. Die Pumpe leistet 1500 l/min.

Austro Fiat AFN Automobilspritze, 1927, Welser Oldtimer-Gruppe (Oberösterreich)

Einst bei der Betriebsfeuerwehr der Firma Fritsch & Welsermühl (Wels) im Einsatz, betreut die Autospritze vom Typ "Landtrain" heute die Oldtimer-Gruppe der Welser Feuerwehr.

Der Austro-Fiat (später Österr. Automobilfabrik ÖAF) hat eine Leistung von 36 PS und Rechtssteuerung. Wahlweise kann das Fahrzeug mit oder ohne

ÖAF (vorm. Austro-Fiat) Löschfahrzeug, Baujahr 1927, der Oldtimergruppe der Freiwilligen Feuerwehr Wels (Oberösterreich)

Verdeck ausgestattet werden. Zur Ausrüstung gehörte noch ein Tragkraftspritzenanhänger, der auf der Fahrt nach Wien sogar zeitweise mitgeführt wurde.

Den Aufbau führte damals die Firma Zellinger in Linz aus. Das Fahrzeug stand dann von 1927 bis 1958 bei der Welser Feuerwehr im Dienst, ehe es an die Betriebsfeuerwehr Fritsch überging.

Magirus-Autospritze, Typ "Bayern", Baujahr 1930, Freiwillige Feuerwehr Nördlingen (Bayern)

Zu ihrem 75-jährigen Bestehen 1930 erhielt die Freiwillige Feuerwehr Nördlingen jene hier abgebildete Magirus-Autospritze. Sie verfügt über eine im Heck eingebaute "Magirus Hochdruck-Kreiselpumpe" vom Typ P IV mit einer Leistung von 1200 l/min bei einer gesamtmanometrischen Förderhöhe von 80 m. Auf der Ladefläche am Heck ist zusätzlich eine kleine Tragkraftspritze gelagert.

Geschichtlich ist dazu noch erwähnenswert, dass 1931 die Besatzung der Motorspritze eigens neue Lederjoppen für insgesamt 200,- Mark erhielt.

Die Feuertaufe der Motorspritze sollte nicht lange auf sich warten lassen. Noch im gleichen Jahr stand der Ramsteinerhof in Flammen, wo die Motorspritze ihre Bewährungsprobe "glänzend" bestand, so die historischen Unterlagen.

Kraftfahrspritze KS 20, Baujahr 1933, Daimler-Benz-Werkfeuerwehr Sindelfingen (Baden-Württemberg)

Von 1933 bis 1971 stand bei der Werkfeuerwehr der Daimler-Benz AG in Sindelfingen die Kraftfahrspritze im Einsatzdienst.

Das Fahrzeug vom Typ Mercedes-Benz hatte ursprünglich einen 95 PS-Motor, der 1961 gegen eine 120 PS-Dieselmaschine ausgetauscht wurde. Heckseitig ist eine Feuerlöschkreiselpumpe mit einer Förderleistung von 2000 l/min eingebaut. Im Originalzustand besaß das Fahrzeug frontseitig noch eine Schaumpumpe mit einer Leistung von 1500 l/min, die dann aber 1945 entfernt wurde. Das in halboffener Bauweise gefertigte Löschfahrzeug verfügt über Querbänke und bietet Platz für zehn Feuerwehrmänner.

Gebaut wurde die KS 20 von der Fa. Metz in Karlsruhe. Die Lackierung war ursprünglich in dunkelblauer Farbe und nicht in der für die Feuerwehr typischen roten Ausführung. Während des Krieges erhielt die Kraftspritze dann eine Tarnfarbe. Nach den Kriegsereignissen bekam sie schließlich ihr heutiges rotes Aussehen. Seit der Außerdienststellung und einer gründlichen Restaurierung hat das Fahrzeug seinen Platz im Depot des Werksmuseums.

Nur schade, dass bei der Restaurierung die neuzeitlichen blauen Rundumkennleuchten nicht entfernt wurden. Sie stören das Gesamtbild erheblich. Gab es doch in den 30er Jahren keine derartigen optischen Warneinrichtungen, sondern nur den bekannten großen Feuerwehr-Scheinwerfer!

American LaFrance Pumper, Baujahr 1933, Professor Dr. W. Jäger, Tübingen (Baden-Württemberg)

Das aus den USA stammende Fahrzeug lief 30 Jahre in Florida, ehe es später seinen Weg nach Deutschland zu Professor Dr. Jäger in Tübingen fand.

In Amerika war dieser Fahrzeugtyp in den unterschiedlichsten Varianten relativ weit verbreitet. Heute indes ist es eine Rarität, besonders natürlich in deutschen Landen.

Die typisch amerikanische Ausführung verfügt über Stehplatze für die Mannschaft und hat den Pumpeneinbau in Fahrzeugmitte. Eine Windschutzscheibe hielt man damals offenbar für Luxus, sonst hätte man sicher nicht darauf verzichten wollen. Zumindest für die Abhärtung der Feuerwehrmänner war gesorgt.

Kraftfahrdrehleiter KL 24, Baujahr 1935, Deutsches Feuerwehrmuseum in Fulda (Hessen)

1935 stellte die Werkfeuerwehr Fichtel & Sachs (Schweinfurt) die Kraftfahrdrehleiter vom Typ KL 24 in Dienst. Für das Fahrgestell fand ein Mercedes-Benz vom Typ Lo 3000 Verwendung. Der 4-Zylinder-Dieselmotor leistet 65 PS. Die Höchstgeschwindigkeit liegt bei 50 km/h. Besonderheit ist der Ganzstahlleitersatz, der erst Anfang der 30er Jahre auf den Markt gekommen war. Das Fahrerhaus ist noch in offener Bauweise hergestellt, d.h. es fehlt noch jeglicher Wetterschutz für die Besatzung. Auch hier sollte sich der Wandel im Bau von Feuerwehrfahrzeugen bald durchsetzen. In der Folge fertigte man die Feuerwehrfahrzeuge mit einer geschlossenen Fahrer- bzw. Mannschaftskabine.

Die Außerdienststellung der Drehletier DL 24 erfolgte 1959. Heute ist sie im Besitz des Deutschen Feuerwehrmuseums in Fulda.

Hansa-Lloyd, Baujahr 1937, Feuerwehr-Oldtimer-Gruppe Kirchheim unter Teck (Baden-Württemberg)

Am 5. Juni 1937 erhielt die Oldenburger Bahnfeuerwehr zum 50sten Bestehen dieses "Klein-Löschfahrzeug" als Geschenk. 35 Jahre sollte es dann dort treue Dienste versehen, ehe die Ausmusterung kam. Recht und schlecht fristete das Fahrzeug danach sein

Magirus-Autospritze, Baujahr 1930, der Freiwilligen Feuerwehr Nördlingen

Mercedes-Benz/Metz Kraftfahrspritze KS 20, Baujahr 1933, WF Daimler-Chrysler

American LaFrance Pumper, Baujahr 1933, heute in Privatbesitz

Die Mercedes-Benz/Metz Kraftfahrdrehleiter KL 24 aus dem Deutschen Feuerwehrmuseum in Fulda bei der Anfahrt in Wien zum Stephansplatz

Hansa-Lloyd-Löschfahrzeug, Baujahr 1935, der Feuerwehr-Oldtimergruppe Kirchheim/Teck

Dasein, und auch die Hoffnung, in einem Museum könne es wieder seinen ursprünglichen Zustand erhalten, schwand schließlich dahin. Es geriet immer mehr in einen bedauernswerten Zustand. 1992 erwarb der "Verein der Freunde und Förderer der historischen Feuerwehrtechnik der Freiwilligen Feuerwehr Kirchheim unter Teck e. V." das Gefährt und hauchte ihm dann unter größten Anstrengungen ein neues Leben ein. Nach dreijähriger mühevoller Fleißarbeit und über 2500 geleisteten Restaurierungsstunden war es am 3. Oktober 1995 soweit. Auf dem Marktplatz in Kirchheim/Teck konnte im Rahmen der Goldenen Oktobertage und am "Tag des Oldtimers" das komplett restaurierte Feuerwehrfahrzeuge der Öffentlichkeit vorgestellt werden.

Der Hansa-Lloyd, Modell "Express" ist schon alleine wegen seines Fabrikats eine Besonderheit. Er verfügt über einen 4-Zylinder-Benzin-Motor mit 27 PS, die Höchstgeschwindigkeit liegt bei 60 km/h. Zur Wasserförderung dient eine im Heck eingeschobene Tragkraftspritze. Den Aufbau des Fahrzeug hatte damals die Firma Carl Metz in Karlsruhe ausgeführt.

Bei einer Vielzahl von Feuerwehrveranstaltungen konnte man mittlerweile dieses Schmuckstück schon bewundern.

Kraftfahrdrehleiter KL 18, Baujahr 1939, Feuerwehrmuseum Winnenden (Baden-Württemberg)

Die ursprünglich bei der Berufsfeuerwehr und später bei der Freiwilligen Feuerwehr Stuttgart eingesetzte Drehleiter entstand 1939, als man auf ein neues Magirus-Fahrgestell mit 70 PS den dreiteiligen Holzleitersatz einer pferdebespannten Drehleiter aus dem Jahr 1918 aufbaute. Naturgemäß ließen sich bei dieser Konstruktion die Leiterbewegungen auch nur manuell ausführen.

Die Drehleiter befindet sich seit vielen Jahren im Feuerwehrmuseum in Winnenden und hat mittlerweile beinahe unzählige "Ausrückungen" hinter sich. Beispielhaft seien genannt: Freiburg (8. Landesfeuerwehrtag), Friedrichshafen (Deutscher Feuerwehrtag), Hannover (INTERSCHUTZ), Lörrach,

Magirus-Kraftfahrdrehleiter KL 18, gebaut 1938; ehemals Feuerwehr Stuttgart, heute Feuerwehrmuseum Winnenden

Nehren, Nürnberg, Salem, "Stuttgart-Rundfahrt", Ulm, Waldmannshofen sowie eine Auslandsreise in die Toskana (Italien), allerdings nicht durchgängig auf eigener Achse. Als weiteste Fahrt zählt dabei aber sicher die Langstreckenfahrt nach Wien.

Die Reisetour der Oldtimer an der Donau entlang bis Wien

Die Fahrt gliederte sich in sieben Etappen und verteilte sich auf insgesamt acht Reisetage.

1. Tag (Sonntag, 2. September 2001)
Aufbruch zur Feuerwehr-Oldtimerfahrt frühmorgens in Donaueschingen (Baden-Württemberg). Zunächst gab es noch eine kurze Präsentation durch die Stadt, wozu sogar eine Radtour unterbrochen werden mußte, ehe die Fahrzeuge auf die etwa 850 km umfassende Reise gingen.

Vor dem Start wurde im fürstlich-fürstembergischen Schlosspark von Donaueschingen an der Donauquelle eine Flasche mit glasklarem Wasser entnommen, um sie in Wien an die Feuerwehr zu übergeben.

Das Reiseziel führte am ersten Tag über Tuttlingen bzw. Nendingen, Beuron und Sigmaringen (jeweils mit Vorstellung in der Innenstadt) nach Ulm, der Geburtsstadt also all jener Magirus-Autospritzen, die sich im Tross befanden. In unmittelbarer Nähe des Wahrzeichens der Stadt, dem Ulmer Münster, präsentierten sich dann gegen 18 Uhr die Feuerwehr-Veteranen einem staunenden Publikum.

Mit einer Einladung durch die Ulmer Feuerwehr endete dieser Tag. Das Nachtquartier wurde in der Kaserne Wilhelmsburg bezogen.

2. Tag (Montag, 3. September 2001)
Aufbruch gegen 9 Uhr in Ulm und Fahrt über Lauingen, Donauwörth und Neuburg/Donau (mit jeweiligem Präsentationsstopp) nach Ingolstadt.

Auf dem Paradeplatz erfolgte hier gegen 17 Uhr ein Fahrzeugdefilee und Begrüßung durch den Bürgermeister. Auch diesmal konnte wieder in einer Kaserne genächtigt werden.

3. Tag (Dienstag, 4. September 2001)
Die einstige Reichstagsstadt Regensburg mit ihrer historischen Altstadt, der ältesten deutschen Brücke (1135), den Römerbauten und dem bekannten Regensburger Dom war für diesen Tag das angepeilte Reiseziel. Über Vohburg und Kelheim erreichten die historischen Feuerwehr-Automobile die Stadt.

Von Regen begleitet fuhr der Tross in Regensburg (daher wohl der Name "Regens-Burg"!) zum Haidplatz in der Altstadt, wo sie vom Bürgermeister und dem Leiter der Berufsfeuerwehr empfangen wurden.

Die Übernachtung erfolgte in der Staatlichen Landesfeuerwehrschule in Regensburg/Lappersdorf.

4. Tag (Mittwoch, 5. September 2001)

Über Straubing, Plattling und Osterhofen bis nach Passau erstreckte sich an diesem Tag die Tour. Wie mittlerweile schon obligatorisch, gehörten auch in diesen Städten die entsprechenden Zwischenstopps dazu. Sonnenstrahlen begleiteten dann in Passau die Auffahrt zum Domplatz wo die Fahrzeuge Aufstellung nahmen. Auch hier nahm sich der Oberbürgermeister persönlich die Zeit, die Gäste zu begrüßen und ein wenig in Feuerwehr-Nostalgie zu schwelgen.

Der Abend klang aus mit einer Aufstellung in der Brauerei Hacklberg. Quartier wurde teilweise in einem Fahrradhotel bezogen.

5. Tag (Donnerstag, 6. September 2001)

Wenn auch an diesem Tag der Wettergott nicht alle Sonnenregister gezogen hatte, so ließen sich die Teilnehmer dadurch trotzdem die Fahrt nicht verdrießen. Tapfer fuhren sie durch so manchen Regenschauer. Schließlich kannten es Feuerwehrmänner zu jener Zeit auch nicht anders, als sie auf diesen Fahrzeugen in offener Bauweise zum Einsatzort fuhren.

Planungsgerecht erreichte der Konvoi dann am frühen Nachmittag in Linz den Hauptplatz, wo sich zahlreiche Besucher einfanden, um die in Reih und Glied aufgestellten Fahrzeuge zu bewundern.

Bei einer kleinen Rundfahrt durch die Innenstadt zogen die Oldis die Blicke vieler Linzer Bürger auf sich. Danach gab es für die Fahrzeugbesatzungen

Auffahrt der Benz-Spritze aus Wolfach zum Domplatz in Passau

Anfahrt des "Garford" vor dem Dom in Passau

Aufstellung der Feuerwehr-Oldtimer auf dem Hauptplatz in Linz (Österreich)

Zwischenstation in Grein an der Donau (Österreich)

Gelegenheit, eine kurze Exkursion zu dem nicht weit entfernten Feuerwehrmuseum St. Florian zu machen.

Genächtigt wurde in der Landesfeuerwehrschule von Oberösterreich in Linz.

6. Tag (Freitag, 7. September 2001)

Der bekannte Ort Melk in Oberösterreich mit dem auf den Anhöhen liegenden weltberühmten Benediktinerkloster, gegründet bereits im Jahr 1089, war für diesen Tag das Reiseziel.

Auf der Anfahrt wurde in Schwertberg (wo ein Teilnehmerfahrzeug seinen Standort hat) und Grein Zwischenstation gemacht, ehe die Route dann weiter an der Donau entlang in Richtung Melk und in die wunderschöne Wachau führte. Obwohl auch diesmal der Wettergott auf so manchen Sonnenstrahl verzichtete, fanden sich in Melk der Bürgermeister und der Ortskommandant ein, um die Gäste zu empfangen und sich die betagten Autospritzen und Drehleitern ausführlich erklären zu lassen.

Wohl selten hatte man soviele historische Feuerwehr-Schnauferl auf dem Rathausplatz gesehen, wie an diesem Tag. Für die Übernachtung standen hier Quartiere in einer Jugendherberge zur Verfügung.

7. Tag (Samstag, 8. September 2001)

Nunmehr ging es über Krems – wo eine kurze Zwischenstation bei der Feuerwehr erfolgte – dem Hauptziel Wien entgegen. Termingerecht erreichte der Konvoi gegen 12 Uhr die Stadtgrenze. Ohne größere Panne hatten es all die betagten Veteranen geschafft, ihr Reiseziel wohlbehalten zu erreichen. Immerhin lag das Durchschnittsalter bei rd. 70 Jahren und etwa 850 km Landstraße hatte es zu bewältigen gegolten. An der Stadtgrenze standen dann schon die Motorradstaffel sowie Blaulicht-Begleitfahrzeuge der Wiener Feuerwehr bereit, um dem "historischen Feuerwehrgeschwader" den Weg durch die Innenstadt - wenn erforderlich auch mit Sondersignal - zum Stephansdom zu bahnen.

Von Menschen dicht umringt präsentierten sich die historischen Feuerwehr-Automobile dann am Domplatz. Wenig später ging es weiter durch die Hofburg zum Wiener Rathaus, wo die Fahrzeuge im Defilee auffuhren. Der Himmel hatte diesmal ein Ein-

Aufstellung der historischen Feuerwehrfahrzeuge in Melk (Niederösterreich)

Defilee der gesamten Feuerwehr-Oldtimer-Flotte vor dem Rathaus in Wien

sehen. Sonnenstrahlen kamen hervor und ließen die grandiose Fahrzeugaufstellung zu einem bleibenden Eindruck werden.

Die erste offizielle Begrüßung für die Fahrzeugbesatzungen erfolgte im Rathaus.

Gegen 14.30 Uhr schließlich brach die Fahrzeugkolonne zur Zentralwache "Am Hof" auf, wo die Oldis anläßlich des "Tags der Wiener Feuerwehr" durch KBM Karl Hermann vorgestellt wurden. Anschließend nahmen sie vor den Hallentoren des Wachgebäudes der Wiener Feuerwehr Aufstellung.

Eine Vielzahl an Besuchern zogen die nostalgischen Feuerwehrautomobile in Bann und die Neugierde, alles anzufassen, war kaum zu bremsen.

Feuerwehrgeschichte also live. Einen Ausflug in die Vergangenheit konnte man in diesem Zusammenhang aber auch durch das Feuerwehrmuseum machen, das sich in den Gemäuern der Zentralfeuerwache befindet.

8. Tag (Sonntag, 9. September 2001)

Noch einmal präsentierten sich die Feuerwehr-Oldtimer vor den Toren der Zentralwache, ehe die historische Reise ihren Ausklang fand.

Am frühen Nachmittag (gegen 14 Uhr) nahmen die Fahrzeuge nunmehr geschlossen Kurs auf die Hauptfeuerwache im Stadtteil "Floridsdorf", wo sich letztendlich die Oldtimer-Riege auflöste. Teils auf eigener Achse, teils auf Tiefladern traten sie den Heimweg an.

Es war eine historische Reise, die zweifellos in die Geschichte der Feuerwehr eingehen wird.

Ziel erreicht! Stolz präsentiert sich hier ein Teil der Fahrzeuge am Rathausplatz in Wien

„Fehlfarben"

von Thorsten Waldmann

Dem umfassend interessierten Freund von Feuerwehrfahrzeugen dürfte geläufig sein, dass in den USA, immer noch dem Land der unbegrenzten Möglichkeiten, nicht wenige Feuerwehrfahrzeuge in gelber, schwarzer, grüner, blauer oder sogar violetter Lackierung in Dienst stehen – wenn auch die meisten Engines und Ladder Trucks auch jenseits des großen Teiches das klassische feuerrote Kleid tragen. Weniger bekannt dürfte allerdings sein, dass in heimischen Gefilden ebenfalls eine gar nicht einmal so kleine Zahl von Feuerwehrfahrzeugen in ungewohnlicher Farbgebung unterwegs war oder noch ist.

Die Rede soll hier nicht sein von den in den letzten zehn Jahren ein wenig ausgeuferten Designversuchen, mit denen sich auch noch die kleinste Feuerwehr ihr „individuelles" äußeres Gestaltungsbild geben wollte – was bekanntlich nicht in jedem Fall zu einem völlig befriedigenden Ergebnis geführt hat. Nein, hier sollen vielmehr die Fälle vorgestellt werden, in denen auf dem entsprechenden Farbtopf nicht etwa „RAL 3000" oder „RAL 3024" stand, sondern – zum Beispiel – RAL 6029 „Minzgrün", RAL 1016 „Schwefelgelb" oder auch „Kobaltblau".

Zwei Vorbemerkungen sind noch unumgänglich. Zum einen konnten nicht alle Fahrzeuge, die in die obige Kategorie fallen, in diesem Artikel abgebildet werden. Teils liegen keine verwertbaren Fotos vor, teils reichte aber auch der Platz nicht aus. Darüber hinaus sind dem Autor sicherlich auch nicht alle Fahrzeuge bekannt geworden – weitere Informationen aus der Leserschaft werden gern entgegengenommen und finden vielleicht Aufnahme in einen später einmal folgenden Nachtrag zu diesem Aufsatz.

Zum anderen: Der in der Überschrift verwendete Begriff „Fehlfarben" soll in keiner Weise eine wie auch immer geartete Abwertung der hier vorgestellten Fahrzeuge beinhalten. Der ansonsten für eine bestimmte Sorte von Zigarren verwendete Ausdruck – zunächst nur als Arbeitstitel verwendet – erscheint mir aber immer noch als eine griffige Zusammenfassung des Themas dieses kleinen Beitrages.

Es kann vielfältige Gründe dafür geben, dass ein Feuerwehrfahrzeug nicht in der gewohnten Farbgebung gehalten ist. Einer der häufigsten ist schlichte Sparsamkeit: Ein Vorführfahrzeug in gelber Lackierung kann günstig erworben werden, ein gut erhaltener Privat-PKW mit geringem Kilometerstand ist zu haben, soll aber – da er vielleicht „nur" für Zwecke der Brandschau eingesetzt wird – nicht auf RAL 3000 umlackiert werden. Aber auch Versuche, die Erkennbarkeit im Straßenverkehr zu erhöhen, spielen eine Rolle. Bei den Fahrschulwagen einiger Feuerwehren war die Interessenlage dagegen eher umgekehrt. Nicht zuletzt gab und gibt es in mehreren Orten Dienstwagen in gedeckten Farbtönen vornehmlich für Leiter von Feuerwehren, teilweise mit verdeckter Sondersignaleinrichtung.

Auf eine mittlerweile reiche Tradition von Einsatzleitwagen bzw. Kommandowagen in eher zurückhaltender Farbgebung kann die Berufsfeuerwehr Köln zurückblicken. Derzeitiges Dienstfahrzeug des Direktors der BF Köln ist ein dunkelblauer Ford Scorpio mit verdeckter Sondersignalanlage, der lediglich durch das Behördenkennzeichen und die stilvolle Kölner Türbeschriftung als Feuerwehrfahrzeug erkennbar ist. Die Ersetzung durch einen Volvo S 60 ist geplant. Zudem ist momentan ein Scorpio in silberner Farbgebung vorhanden. Vorgänger des Amts-

Ford Scorpio 2,5 D CL Schrägheck, Baujahr 1988 (mit Schiebedach, festmontiertem Blaulicht, jedoch ohne Türbeschriftung), stellvertretend für eine lange Reihe von dunkelblauen Ford-PKW der BF Köln.

Foto (1988): Sammlung Waldmann

PKW der BF Köln, Lackierung in silbermetallic. Der Ford Scorpio kam 2001 gebraucht zur BF Köln, Baujahr 1997. Die markante Kölner Türbeschriftung verleiht dem Fahrzeug auch ohne Blaulicht ein recht „amtliches" Aussehen.
Foto (2001): Karl Josef Osterholt

MB 200 D als Dienstwagen DW 1 der BF Nürnberg in sehr ansprechender hellblauer Lackierung. Foto (1980): Rainer Zech

Opel Kapitän des Baujahres 1954 in Schwarz mit weißem Dach, ab 1958 für mehrere Jahre Dienstwagen des Amtsleiters der Solinger Feuerwehr.
Foto: BF Solingen (Sammlung Frank-Michael Fischer)

VW Käfer der BF Solingen für den Vorbeugenden Brandschutz, Baujahr 1962, in dunkelblauer Lackierung.
Foto: BF Solingen (Sammlung Frank-Michael Fischer)

leiterfahrzeuges waren unter anderen ein dunkelblauer Ford Consul und ein ebenfalls dunkelblauer Ford Granada der „eckigen" Ausführung.

Auch die BF Nürnberg hatte lange Jahre stets einen ELW in eher neutraler Lackierung im Dienst. Auf einen 1972 ausgesonderten grauen Mercedes-Benz 190 oder 190 D (Heckflosse) folgte 1973 zunächst ein blaugrauer MB 200 D (N-2210), der nach einem Unfall leider schon 1974 außer Dienst genommen werden musste. Nachfolger wurde dann 1975 ein hellblauer MB 200 D. Mit dessen Aussonderung endete diese kleine Nürnberger Tradition. Die BF Braunschweig hatte in den fünfziger und sechziger Jahren drei VW Käfer als sogenannte Sprechfunkwagen in Dienst, die den Löschzug bzw. den Gerätezug zur Einsatzstelle führten und nichtsdestotrotz mausgrau lackiert waren. Eine besonders elegante Limousine hatte die BF Solingen von 1958 bis 1964 in Betrieb: Der 1954er Opel Kapitän – schwarz mit weißem Dach – diente dem damaligen Amtsleiter Brandrat Schummel als Dienstfahrzeug. Ein dunkelblauer VW Käfer war in Solingen ab 1962 für den Vorbeugenden Brandschutz vorhanden. Mindestens einen schwarzen VW Käfer hatte die BF Wolfsburg als „Ratswagen", und auch der Leiter der Hamburger Feuerwehr fuhr Anfang der sechziger Jahre in vornehmem Schwarz vor – allerdings mit einem Mercedes 180 in Pontonform.

Die Münchner Feuerwehr setzte als Fahrzeug für ihren Oberbranddirektor ab 1988 einen 1985 gebauten dunkelblauen BMW 735 i ein. Vorgängerfahrzeuge waren bei der Branddirektion unter anderem ein schwarzer BMW 501, ein elfenbeinfarbener BMW 502 sowie nacheinander – als Dienstwagen des Oberbranddirektors Seegerer – zwei weinrote BMW 2500 (Baujahre 1970 bzw. 1977). Zudem ging 1994 ein dunkelblauer MB W 124 (Baujahr 1989) vom städtischen Planungsreferat in die Hände der Münchner Feuerwehr über, der als Dienstwagen bzw. Bereitschaftsfahrzeug eingesetzt wird. Nicht zuletzt seien die beiden hellgrauen Mercedes-Benz-PKW der BF Bremerhaven erwähnt: der ELW 1 auf MB 200 D (Baujahr 1980) diente dem Leitenden Branddirektor als ELW, der MB 220 D (Baujahr 1976) – jedenfalls im Jahre 1989 – als PKW für Behördengänge, Theatersicherheitswachen usw.

Im Gegensatz zu früheren Zeiten, in denen die Normvorschriften für Feuerwehrfahrzeuge auch im Hinblick auf die Lackierung in aller Regel streng eingehalten wurden, weshalb die beschriebenen Fahr-

Als Dienstfahrzeug des Oberbranddirektors (Kennzeichen M-112) setzte die Münchner Feuerwehr ab 1988 einen dunkelblauen 1985er BMW 735 i ein.
Foto (1988): Sammlung Waldmann

PKW der BF Bremerhaven – MB 220 D, Baujahr 1976 – in hellgrauer Farbgebung, für Brandsicherheitswachen usw.
Foto (1989): Sammlung Waldmann

ELW 1 der BF Bremerhaven – MB 200 D (W 123), Baujahr 1980 – in hellgrauer Lackierung.
Foto (1989): Sammlung Waldmann

zeuge zu ihrer Zeit jeweils kleine Besonderheiten darstellten, sind heutzutage PKW in „irgendwelchen" serienmäßigen Rottönen der jeweiligen Fahrzeughersteller oder gar in ganz anderen Farben bei den Feuerwehren nichts Ungewöhnliches mehr. So besitzt die BF Hannover unter anderem einen grünen und einen silberfarbenen VW Polo sowie einen dunkelblauen VW Golf Variant. Die BF Essen verfügt über weiße PKW mit Blaulicht der Typen VW Golf und Citroen Saxo (letzterer 1998 in zwei Exemplaren beschafft und mit Elektromotor ausgerüstet!).

Beinahe legendär sind mittlerweile die in diversen Ausführungen beschafften Fahrschul-LKW der Berliner Feuerwehr. Die sämtlich mit Prischenaufbau versehenen und mit Staffel- bzw. später Gruppenkabinen ausgestatteten Fahrzeuge waren in den erstaunlichsten Farbgebungen anzutreffen: Hellgrau, Gelb, Blau, Grau und Orange. Ursächlich hierfür war übrigens eine Forderung des Berliner TÜV, der befürchtete, dass Feuerwehrfahrzeuge in feuerwehrtypischer Farbgebung bei Prüfungen im Vergleich zu anderen Verkehrsteilnehmern bevorzugt würden. Zunächst von Glasenapp, später von Bachert aufgebaut entstanden so – teilweise mit Anhängern – Fahrschulfahrzeuge auf MAN 450 H, MB LF 1113,

Fahrschulwagen der Berliner Feuerwehr (damals war die Türbeschriftung „Feuerwehr Berlin" üblich). Der etwa 1965 gebaute MAN 450 HA mit verlängerter Kabine war in Hellgrau lackiert. Es soll drei insgesamt baugleiche Fahrzeuge gegeben haben. Foto (1982): Klausmartin Friedrich

Orangefarbiger Fahrschulwagen der Berliner Feuerwehr: wiederum MAN 14.192 FA, nun jedoch – die Fa. Bachert hatte die Produktion einstellen müssen – mit Metz-Gruppenkabine. Baujahr 1988, Anhänger Ackermann-Fruehauf (2 Züge). Foto (1988/1989): Axel Malczyk

1987 beschaffte die Berliner Feuerwehr zwei baugleiche Frontlenker-Fahrschulwagen in blauer Farbgebung – aufgrund neuer Führerscheinbestimmungen nun mit Anhänger: MAN 14.192 FA mit Bachert-Gruppenkabine, Anhänger jeweils Ackermann-Fruehauf.
Foto (1987/1988): Axel Malczyk

Ihre beiden letzten Klasse-2-Fahrschulzüge beschaffte die Berliner Feuerwehr 1989. Sie waren in Graugrün lackiert; die Metz-Kabine war deutlich ausgeführt anders als bei den Vorgängern. Auffällig ist zudem der hier erstmals angebaute Unterfahrschutz an LKW und Anhänger.
Foto (ca. 1989): Axel Malczyk

Blauer Fahrschulwagen der Berliner Feuerwehr, MAN 11.168 HA oder HA-LF mit Bachert-Gruppenkabine – auch die Berliner LF 16 hatten zu der Zeit keine Mittelfenster – und wiederum Pritschenaufbau ohne Plane. Baujahr 1982.
Foto: Axel Malczyk

Mehrere Fahrschulwagen auf Mercedes-Benz (LAF ?) 1113 mit verlängerter Kabine und recht modern wirkendem Pritschenaufbau waren bei der Berliner Feuerwehr vorhanden. Teilweise waren die Fahrzeuge mit Preßlufthörnern ausgestattet, teilweise mit auf der Stoßstange montierten Bosch-Hörnern. Foto (1985): Axel Malczyk

Fahrschulwagen der Berliner Feuerwehr in verkehrsgelber Farbgebung, MB 1222 AF mit Bachert-Kabine und Pritsche/Plane-Aufbau. Foto (1985): Axel Malczyk

Fahrschulwagen (als Wechselladerfahrzeug) der BF Hannover, Mercedes-Benz 1219 F, in hellgrauer Lackierung. Die Blaulichter sind abnehmbar ausgeführt. Man beachte die zahlreichen Rückspiegel! Foto (1986): Thorsten Waldmann

MAN 11.168 HA (HA-LF?), MB 1222 AF und MAN 14.192 FA.

Ein Fahrschulfahrzeug in hellgrauer Farbgebung, welches auf den ersten Blick den Berliner Fahrzeugen sehr ähnelt, hatte die Feuerwehr Hannover im Dienst. Allerdings trug der Mercedes-Benz 1219 F keinen Pritschenaufbau, sondern eine Wechselladeeinrichtung; die Verlängerung des Serienfahrerhauses zur Doppelkabine führte vermutlich die Hannoveraner Firma Stolle aus. Im Gegensatz zu den Berliner Fahrzeugen waren die Blaulichter bei diesem Wagen abnehmbar ausgeführt.

Wiederum in Berlin sind bzw. waren seit 1982 zwei Löschfahrzeuge in Rosenbauer-typischem RAL 1004 (Goldgelb) im Einsatz. Für den Flughafen Tempelhof – damals noch unter US-amerikanischer Regie, siehe die Beschriftung an der Feuerwache auf den mittlerweile in mehrfacher Hinsicht historischen Bildern – wurden je ein Jumbo Cheetah und ein Puma angeschafft. Der Jumbo Cheetah auf ÖAF 14.440 FAEG führte an Löschmitteln 2000 l Wasser, 220 l Schaummittel und 100 kg Halon mit, wogegen die Löschmittelkapazität des Puma 6000 l Wasser, 800 l Schaummittel und 250 kg Pulver beträgt.

FLF des Rosenbauer-Typs „Puma" (Oshkosh-Fahrgestell) auf dem Flughafen Berlin-Tempelhof in Goldgelb, RAL 1004. 6000 l Wasser, 880 l Schaummittel, 250 kg Pulver. Baujahr 1982. Foto (1983): Klausmartin Friedrich

Rüstwagen der FF Lage-Hörste, ehemaliger Gerätekraftwagen des technischen Hilfswerks.

Während der Puma bis dato noch in Tempelhof im Dienst steht, ist der Jumbo Cheetah mittlerweile an einen kleinen Flugplatz in Ostdeutschland verkauft worden.

Seit kurzem ist in Deutschland noch ein weiteres FLF in gelber Lackierung im Einsatz: Der Flughafen Augsburg beschaffte Anfang 2002 einen Iveco Magirus Euro-Trakker 190 E 24 W 4x4. Die Förderleistung der Feuerlösch-Kreiselpumpe beträgt 5000 l/min, das Fassungsvermögen von Wasser- bzw. Schaummitteltank 5700 l bzw. 700 l. Zusätzlich ist eine Minimax-Pulveranlage (230 kg) eingebaut. Die ungewöhnliche Farbgebung in Narzissengelb (RAL 1007) ist darauf zurückzuführen, dass es sich um ein früheres Vorführfahrzeug aus einer größeren Serie von FLF für die brasilianische Luftfahrtbehörde „Infraero" handelt, welche diese Farbe bestellt hatte.

Nicht selten können Werk- und Betriebsfeuerwehren auf gebrauchte Transporter aus dem allgemeinen Werksfuhrpark zugreifen, die – häufig schon mit höherer Laufleistung versehen – aus Kostengründen nicht mehr umlackiert werden sollen, aber der Feuerwehr entweder für allgemeine Transportaufgaben dienen können oder sogar noch eine feuerwehrtechnische Ausstattung erhalten. So war bei der Werkfeuerwehr Grundig AG in Nürnberg ein 1972er VW Typ 2 (T 2b) in blauer Farbgebung im Einsatz, der von der Feuerwehr selbst zum Gerätewagen ausgebaut worden war. Die Betriebsfeuerwehr der Pelikan-Werke in Hannover verfügte jedenfalls 1983 über einen gelben GW auf Basis eines Ford Transit mit langem Radstand und mittelhohem Dach. Die Werkfeuerwehr CONDEA in Brunsbüttel besaß einen VW LT 28 D aus dem Jahre 1986 mit kurzem Radstand und flachem Dach als Mehrzweckfahrzeug, welches in serienmäßiger hellgrauer Farbe lackiert war.

Einen Einsatzleitwagen in „Fehlfarbe" setzt die BF Wolfsburg bis heute ein. Der VW LT 31 war 1991 als kommunales Führungsfahrzeug für die Technische Einsatzleitung (TEL) beschafft, aber in dieser Funktion nie eingesetzt worden. Um den Einsatzwert zu steigern, wurde der Wagen 1997 zum sog. ELW-Umwelt umgebaut; nach schnell zu bewerkstelligendem Ausbau der Tische und sonstigen Einbauten ist das Fahrzeug aber nach wie vor als FüKW-TEL einsetzbar. Serienmäßige orangefarbige Lackierung (nicht RAL 2004!), weißes Hochdach und umlaufender leuchtroter Streifen mit weißen Reflexabsetzungen verleihen dem Wagen ein sehr ungewöhnliches Erscheinungsbild. In gewisser Weise – technisch betrachtet – ein

Dieser hellgraue VW LT 28 D aus dem Jahr 1986 ohne Sondersignalanlage diente der Werkfeuerwehr CONDEA in Brunsbüttel als Mehrzweckfahrzeug. Interessant auch die blaue Beschriftung. Foto (1999): Thorsten Waldmann

Einsatzleitwagen der BF Wolfsburg, VW LT 31, Baujahr 1991 (als kommunaler FüKW-TEL), 1997 zum ELW-Umwelt umgebaut. Die orangefarbige Lackierung lehnt sich an die KatS-Fachdienstfarbe für Führung an, gleichwohl handelt es sich um einen serienmäßigen VW-Farbton. Umlaufende Streifen in Leuchtrot und Reflexweiß.

Foto (1997): Thorsten Waldmann

VW Typ 2 (Baureihe T1) als Funkbrückenwagen der Feuerwehr Siegen, Baujahr 1964, in hellgrauer Farbgebung.

Foto (1989): Sammlung Waldmann

Rettungswagen bzw. Notarztwagen der BF Hannover für Intensivverlegungen, MB Sprinter 416 CDI mit Luftfederung, WAS-Koffer, Baujahr 2001, in Gelb. Foto (2002): Kai-Uwe Hasenberg

HLF der Hamburger Feuerwehr (Mercedes-Benz 1224 AF, Aufbau FGL) aus dem Jahre 1994 in gelber Lackierung. Das Fahrzeug ist der Landesfeuerwehrschule zugeordnet. Foto (1997): Thorsten Waldmann

Vorgänger dieses ELW war der Funkbrückenwagen der FF Siegen, ein VW Typ 2 (Baureihe T1) des Baujahres 1964, welcher in unauffälligem Hellgrau gehalten war.

Nicht ungewöhnlich, sondern fast schon die Regel waren in früheren Jahre Rettungsdienstfahrzeuge in elfenbeinfarbigem oder grauem Anstrich, was daher an dieser Stelle auch nicht weiter dokumentiert werden soll. Erst mit dem Aufkommen der Tagesleuchtfarbe ab etwa 1970 änderte sich dies grundlegend – und die grauen (in verschiedensten Farbtönen, u.a. RAL 7005) und hellelfenbeinfarbigen (RAL 1014) Rettungsfahrzeuge verschwanden nach und nach aus dem Straßenbild. Vornehmlich aus Kostengründen sind aber mittlerweile auch bei den Feuerwehren weiße Rettungsdienstfahrzeuge (in aller Regel mit leuchtroten oder leuchtorangefarbenen Folien versehen) recht häufig. Selten sind demgegenüber derartige Fahrzeuge in gelber Farbgebung geblieben. Die BF Köln setzte als Dienstfahrzeug für den Leitenden Notarzt eine Zeitlang einen gelben Ford Mondeo Turnier ein. Seit dem Jahre 2001 verfügt die Berufsfeuerwehr Hannover über einen speziell ausgestatteten Rettungswagen für Intensiv-Verlegungstransporte, ebenfalls in Gelb lackiert und mit dem zur EXPO 2000 für die Fahrzeuge der Feuerwehr Hannover eingeführten Streifendesign (allerdings zwangsläufig „umgekehrt") versehen. Der MB Sprinter 416 CDI mit Luftfederung trägt einen WAS-Kofferaufbau und ist mit GPS-Navigationssystem ausgerüstet. Eine allgemeine Umstellung des RTW-Fuhrparks auf gelbe Grundlackierung ist in Hannover allerdings nicht vorgesehen. Anders bei der Feuerwehr Dresden: Das Farbschema des neuen Notarztwagens – MB Sprinter 413 CDI mit WAS-Aufbau, Baujahr 2001, Farbton Schwefelgelb RAL 1016 mit roten Absetzungen – soll künftig für alle Fahrzeuge im Rettungsdienst der Stadt Dresden gelten.

Bei der Feuerwehr Hamburg ist seit 1994 gar ein gelbes kommunales Löschfahrzeug vorhanden. Das HLF – die Bezeichnung steht in Hamburg übrigens für „Hamburger Löschfahrzeug", der Sache nach handelt es sich um ein modifiziertes LF 16/12 – wurde als Teil einer Kleinserie von sieben Fahrzeugen bei FGL in Luckenwalde auf MB 1224 AF aufgebaut und als einziges in Gelb lackiert. Das HLF wurde auf der Interschutz 1994 ausgestellt, wo es verständlicherweise für einigen Diskussionsstoff sorgte. Es war allerdings bei der Hamburger Feuerwehr zu keiner Zeit beabsichtigt, die gelbe Lackierung allgemein einzuführen;

Ein ehemaliges Feuerlöschkraftfahrzeug 3800/400 der Bundeswehr (Magirus-Deutz 178 D 15 A, Aufbau Bachert, Baujahr 1972) setzt die Flugplatzfeuerwehr Peine-Eddesse nach gründlicher Aufarbeitung ein. Die Lackierung ist für deutsche Verhältnisse fast spektakulär zu nennen – und gleichwohl nach Meinung des Verfassers sehr gelungen.
Foto (1995): Thorsten Waldmann

das Fahrzeug gelangte folgerichtig auch gar nicht in den Einsatzdienst, sondern wurde der Landesfeuerwehrschule zugewiesen.

Eine gewisse Häufung von Feuerwehrfahrzeugen in „Fehlfarbe" läßt sich – siehe schon oben – bei Flughafen- bzw. Flugplatzfeuerwehren feststellen. Eines der bemerkenswertesten Exemplare auf diesem Gebiet nennt die Flugplatzfeuerwehr Peine-Eddesse in Niedersachsen ihr Eigen. Das ehemalige Feuerlöschkraftfahrzeug FlKfz 3800/400 der Bundeswehr (Magirus-Deutz 178 D 15 A, Baujahr 1972) erhielt nach Erwerb und gründlicher Restaurierung einen Anstrich in Hellrot und Himmelblau – besser könnte man die Assoziation zu den Themen „Feuerwehr" und „Fliegen" wohl in Farben kaum ausdrücken!

Ebenfalls in blauer Farbgebung – wenn auch aus ganz anderen Gründen – präsentieren sich zwei Feuerwehrfahrzeuge im Kreis Lippe in Nordrhein-Westfalen. Während in der Ortschaft Lügde-Rischenau ein ehemaliger Mannschaftskraftwagen MKW des Technischen Hilfswerks (Iveco 90-16 AW) technisch weitgehend unverändert als Hilfsrüstwagen dient, entstand bei der FF Lage-Hörste aus einem ehemaligen Gerätekraftwagen GKW des THW (Iveco Magirus FM 170 D 11 FA, Aufbau OWR) ein RW. Mit seiner festeingebauten Rotzler-50-kN-Winde und diversen übernommenen Ausstattungsgegenständen wie Motorkettensäge, Trennschleifer, Greifzug u.a. bot der Wagen hierfür eine gute Grundlage. In Eigenarbeit wurde der GKW darüber hinaus mit einem Lukas-Hilfeleistungssatz und einem betriebsbereit ange-

Barkas B 1000 des ehemaligen Berliner Rettungsamtes in grauer und blauer Misch-Lackierung, von der Berliner Feuerwehr im Zuge der Vereinigung übernommen.

Foto (1992): Axel Malczyk

Dieser Barkas B 1000 in hellgrauer Farbgebung diente der BF Chemnitz noch 1998 als Versorgungsfahrzeug der Feuerwache 1. Der rote Streifen deutet an, daß es sich vermutlich um einen ehemaligen Krankenwagen handelt.

Foto (1998): Thorsten Waldmann

Dreiachsiger Barkas B 1000 als Abschleppfahrzeug des ehemaligen Berliner Rettungsamtes in hellgrauer Lackierung, nach der „Wende" zur Berliner Feuerwehr gelangt.

Foto (1992): Axel Malczyk

schlossenen Lichtmast am Heck ausgerüstet. Beide Fahrzeuge wurden aus Gründen der Kostenersparnis im ursprünglichen Ultramarinblau (RAL 5002) belassen, nur die großen „Feuerwehr"-Schriftzüge weisen auf die neuen Eigentümer hin.

Die Freiwillige Feuerwehr Göttingen stellte übrigens im Rahmen des Erweiterten Katastrophenschutzes sogar einen Bergungszug mit vom Bund gestellten und daher zunächst khakifarbenen – RAL 7008 – und später ultramarinblauen MKW und GKW.

In der DDR kamen Feuerwehrfahrzeuge in ungewöhnlicher Farbgebung im Vergleich zum Bundesgebiet durchaus häufig vor. Gelegentlich konnten Tankwagen vom Militär übernommen werden, Geld für die Umlackierung war aber nicht immer vorhanden. Gleiches galt für gelegentlich übergebene Speditions-Lastkraftwagen. Mehrere Feuerwehren hatten auch graue Barkas-Kombiwagen im Dienst. Der allgegenwärtige Materialmangel machte den Verzicht auf den roten Anstrich in der Regel wesentlich leichter als in der Bundesrepublik, zumal in der DDR selbst die aus der laufenden Produktion eintreffenden Neufahrzeuge sehr unterschiedliche Rottöne aufwiesen, wie ein Vergleich später Wartburg- oder Barkas-ADW (sehr helles Rot) mit TLF 16-GMK oder DL 30/01 belegt.

Gelegentlich sind auch Mannschaftstransportfahrzeuge bzw. Busse in nicht-roter Farbgebung anzutreffen. So ist beim Institut der Feuerwehr des Landes Nordrhein-Westfalen (ehemals Landesfeuerwehrschule) ein Neoplan Jetliner N 208 mit dem Baujahr 1994 in sehr attraktiver Lackierung vorhanden, welche den Betrachter trotz der blauen Grundfarbe des Fahrzeuges deutlich auf die Thematik „Feuerwehr" hinweist. Weiterhin wird noch ein blau/weißer Bus des MAN-Typs ÜL 292 vorgehalten, ebenso eine blaue Zugmaschine vom Typ MAN 14.192 F. In die Kategorie „Rotbraun-metallic" fällt dagegen der VW Caravelle (T3), welcher der Freiwilligen Feuerwehr Tangerhütte in Sachsen-Anhalt in den neunziger Jahren als MTW diente.

Durch die einzelnen Bundesländer – oder auch durch einzelne Kommunen – sind wiederholt Fahrzeuge für Zwecke des Katastrophenschutzes beschafft worden, welche die damaligen bundeseinheitlichen „Fachdienstfarben" (das sind u.a. RAL 1014 für den Sanitätsdienst, RAL 2004 für Führung und ABC-Dienst, RAL 3000 für den Brandschutzdienst, RAL 5002 für Bergungsdienst und Instandsetzungsdienst) aufwiesen. Beispiele hierfür sind die

Neoplan Jetliner N 208 des Instituts der Feuerwehr Nordrhein-Westfalen in Münster in sehr attraktiver Lackierung (Baujahr 1994).
Foto (2002): Thorsten Waldmann

VW Typ 2 (Baureihe T3, Caravelle) als MTW der FF Tangerhütte in Rotbraun-metallic.
Foto (1994): Thorsten Waldmann

Die Farbgebung (serienmäßiger Orange-Farbton von Mercedes-Benz) des 1988 für das Zivilschutzamt der Stadt Braunschweig beschafften Pritschenwagens auf MB 809 bewährte sich im späteren Feuerwehreinsatz nur wenig. Die Aufnahme zeigt den Wagen schon mit eindeutiger Beschriftung, Blaulichtbalken und Frontblitzern.
Foto (1999): Thorsten Waldmann

GW-ABC-Zug des Landkreises Nienburg, entstanden aus dem ehemaligen Schlauchwechselwagen der Feuerwehrtechnischen Zentrale. MB L 406, Baujahr 1966. Der Wagen wurde im Zuge des Umbaues auf die Fachdienstfarbe Reinorange RAL 2004 umlackiert.
Foto (1987): Klausmartin Friedrich

Kettenfahrzeug Hägglunds BV 206 für den Küstenschutz mit Atlas-Aufbau, Baujahr 1992, lackiert in Orange ähnlich RAL 2004. Feuerwehrtechnische Zentrale des Landkreises Wittmund.
Foto (1995): Klausmartin Friedrich

Mobile Trinkwasseraufbereitungsanlage des Katastrophenschutzes Nordrhein-Westfalen, MB 1217 A, Aufbau Rappold. Das 1983 erstzugelassene Fahrzeug wurde 1998 bei der FF Gütersloh – aber nicht mehr in der Funktion als TWA – angetroffen. Foto (1998): Thorsten Waldmann

Ehemaliges ZLF 3000 der WF Holborn-Raffinerie in Hamburg, F Magirus 150 D 10, Baujahr 1967. Um anzuzeigen, dass der Wagen nicht mehr als Feuerwehrfahrzeug verwendet wird, wurde er auf den Holborn-typischen Blauton umlackiert. Foto (1998): Thorsten Waldmann

Der grüne MB LK 311 der BF Krefeld mit Meiller-Kipperaufbau – Baujahr 1960! – befindet sich immer noch im Dienst und kam beispielsweise auch bei der Schiffshavarie auf dem Rhein im November 2001 zum Einsatz. Foto (1992): Jochen Thorns

an der niedersächsischen Küste in mehreren Exemplaren vorhandenen Hägglunds-Kettenfahrzeuge (Hägglunds BV 206) mit Atlas-Aufbau oder auch der GW-ABC-Zug der Feuerwehrtechnischen Zentrale des Landkreises Nienburg, der als Umbau aus einem Schlauchwechselwagen entstand und in diesem Zusammenhang auf Reinorange RAL 2004 umlackiert wurde. Die Stadt Braunschweig erwarb 1988 für ihr damaliges Zivilschutzamt einen Mercedes-Benz 809 als Pritschen-LKW in serienmäßigem Orange des Herstellers (angelehnt an die Fachdienstfarbe Reinorange RAL 2004, aber eben billiger). Nachdem das Zivilschutzamt der Feuerwehr angegliedert worden war, fand der LKW gelegentlich auch als Reserve-KLAF Verwendung. Trotz mittlerweile angebrachter großer Frontbeschriftung, Nachrüstung mit Hella RTK 4-SL, Springlichtschaltung und schließlich sogar blauen Blitzleuchten am Grill wurde das Fahrzeug bei Alarmfahrten von den übrigen Verkehrsteilnehmern nicht immer in wünschenswerter Weise respektiert – zu ungewöhnlich war wohl der Anblick eines orangefarbenen LKW mit Sondersignal. Der LKW wurde schließlich auf RAL 3000 umlackiert und ist in dieser Form noch heute im Dienst.

Einen völlig anderen Weg ging im Bereich des Katastrophenschutzes das Land Nordrhein-Westfalen bei seinen Trinkwasseraufbereitungs-Fahrzeugen. Eine erste Serie auf MB LA 311 wurde hellgrün lackiert, einem im KatS ansonsten nicht vorgesehenen Farbton (Fahrzeuge dieser Bauserie, die bei den Hilfsorganisationen stationiert waren, waren allerdings in der Regel in Hellelfenbein gehalten). Die spätere Serie auf MB 1217 A mit Rappold-Aufbauten, etwa 1983 beschafft, wies dann einen deutlich dunkleren Grünton auf, bei dem es sich möglicherweise ebenfalls um einen Mercedes-Serienfarbton handeln könnte (das Innenministerium des Landes konnte insoweit leider nicht mehr für Aufklärung sorgen). Wenngleich die Fahrzeuge wohl sämtlich mit der ausschließlichen Türbeschriftung „Katastrophenschutz Nordrhein-Westfalen" versehen waren, sind doch mehrere Exemplare bekannt, die bei Freiwilligen Feuerwehren stationiert waren und dort mit ihrer Farbgebung wahre Exoten darstellten. Heute dürfte keines dieser Fahrzeuge mehr in seiner ursprünglichen Funktion im Dienst stehen.

Seit Anfang 2002 setzt die BF Solingen einen neuen Tiertransportwagen (TTW) ein. Der in serienmäßigem VW-Blau gehaltene VW Typ 2 T4 (Diesel 78 PS), Baujahr 1995) diente früher der Ausländerbe-

„Concept Fire Truck", Vorführfahrzeug der Fa. Ziegler, mit interessantem Beladungskonzept und durchaus mutigem Design in Gelb, Türkis und Blau auf RAL 3000. MB Atego 1225 AF, Baujahr 2000. In dieser Form leider nicht mehr existent.

Foto (2000): Thorsten Waldmann

TroLF 6000 der WF BASF Ludwigshafen, MAN 24.362 DF, Rosenbauer, Baujahr 1990. Nahezu alle Fahrzeuge der Werkfeuerwehr BASF Ludwigshafen sind in der elegant wirkenden rubinroten Farbgebung (RAL 3003) gehalten.

Foto (2001): Thorsten Waldmann

FlKW-BMI (Feuerlöschkraftwagen Bundesinnenministerium) auf MB U 2450 L, Ziegler, Baujahr 1998, bei einer BGS-Fliegerstaffel in polizeitypischem Minzgrün RAL 6029. Nach üblichem Schema wäre das Fahrzeug wohl als TroFLF 8/15-P 500 zu bezeichnen. Foto (1999): Sammlung Waldmann

hörde und ist mit einer Hella RTK 4-SL ausgestattet.

Kein Feuerwehrfahrzeug im eigentlichen Sinne ist mittlerweile das 1967 gebaute ZLF 3000 der Werkfeuerwehr Holborn AG (ehemalige Esso-Raffinerie) in Hamburg. Der F Magirus 150 D 10 wurde zum Zeitpunkt der Aufnahme im Jahre 1998 bei der Holborn AG nicht mehr im Feuerwehrdienst eingesetzt, sondern im wesentlichen zum Durchspülen von Leitungen verwendet. Um auch äußerlich anzuzeigen, dass es sich nicht mehr um ein Feuerwehrfahrzeug handele, bekam der alte Magirus noch ein neues Farbkleid in „Holborn-Blau".

Erstaunlich wenig Gebrauch wird durch die Fahrgestell- und Aufbauhersteller von der Möglichkeit gemacht, Vorführfahrzeuge mit einer ungewöhnlichen Lackierung zu versehen. Im Jahre 2000 schickte immerhin die Firma Ziegler einen „Concept Fire Truck" auf die Vorstellungsreise durch Deutschland, der in sehr auffälliger Weise mit gelben, blauen und türkisfarbigen Folien verziert war. Zwar ist der Wagen für diesen Beitrag nicht völlig „einschlägig", da es sich eben nicht um eine Lackierung, sondern um eine Beklebung handelt. Da die Folien jedoch einen erheblichen Anteil der Außenhaut des Löschfahrzeuges (eines LF 16/12 mit optimiertem Beladungskonzept, Fahrgestell MB Atego 1225 AF) bedecken, soll auf die bildliche Darstellung hier nicht verzichtet werden. Anfang 2002 wurde der „Concept Fire Truck" übrigens – nach Entfernung der bunten Folien – von der Werkfeuerwehr Hella in Lippstadt erworben.

Allgemein bekannt ist sicherlich, dass die Bundeswehr, ebenso wie die in Deutschland stationierten ausländischen Streitkräfte, unter anderem aus taktischen Gründen die Normen für Feuerwehrfahrzeuge auch hinsichtlich der Farbgebung nicht anwendet (wenn auch eine Zeitlang Bundeswehr-Feuerlöschkraftfahrzeuge in RAL 3000, teilweise mit weißen Kotflügeln lackiert wurden!). Weniger gegenwärtig dürfte sein, dass der Bundesgrenzschutz bei seinen Fliegerstaffeln Feuerwehrfahrzeuge einsetzt, welche früher in Schwarzgrün (RAL 6012) lackiert waren, heute bei Neubeschaffungen in Minzgrün (RAL 6029) gehalten sind. Als Beispiel möge hier ein FlKW-BMI auf MB U 2450 L mit Ziegler-Aufbau – Baujahr 1998 – dienen, dem seine grüne Farbe ausgezeichnet zu Gesicht steht.

Hoogwerker

Gelenk- und Teleskopmastbühnen in den Niederlanden

von Dirk Wieczorek

Der damalige Leiter des Chicago Fire Department, Robert J. Quinn, überraschte 1958 die Feuerwehrwelt mit einem neuartigen Typ Feuerwehrfahrzeug – dem Snorkel. Nach erfolgreichen Tests und Einsätzen folgten diesem ersten Fahrzeug sehr schnell weitere. Mitte der sechziger Jahre wurden auch die ersten Fahrzeuge dieses Typs in Europa in Dienst gestellt. Im Gegensatz zur Drehleiter hat der Gelenk- bzw. Teleskopmast einige Ausstattungsvorteile, wie z.B. eine feste Wasserzuführung, Strom, teilweise auch Atemluft bis in den Korb sowie eine höhere Korbbelastung. Ein großer anfänglicher Nachteil der Masten wie längere Aufbauzeiten und ein fehlender durchgängiger Rettungsweg (Leiter) wurden mit neuen Entwicklungen in den achtziger und neunziger Jahren ausgeglichen.

Auch an den Niederlanden ging diese Entwicklung nicht spurlos vorüber. Die Brandweer Den Haag (s'Gravenhage) bekam 1966 den ersten Gelenkmast in den Niederlanden. Das Fahrzeug wurde auf einem für Feuerwehrfahrzeuge sehr selten verwendeten DAF-Hauber aufgebaut. Den Aufbau übernahm die britische Firma Simon-Snorkel, die sich bereits sehr früh mit dem Bau von Gelenkbühnen für Feuerwehren beschäftigte. Der Den Haager Mast war noch vom zweiteiligen Typ, das heisst der untere Mast mußte erst aufgerichtet werden, bevor man den Korb besteigen konnte. Nach der Ausserdienststellung wurde das Fahrzeug an das Nationale Brandweermuseum in Hellevoetsluis übergeben. Die niederländische Bezeichnung für diese Fahrzeuge lautet Hoogwerker.

Es dauerte weitere vier Jahre, bevor die zweite Brandweer in den Niederlanden einen Gelenkmast bekam, diesmal auf einem DAF-Frontlenker. Die Brandweer Breda entschied sich für einen einheimischen Hersteller, die Firma Machinefabriek Alkmaar, die Masten der skandinavischen Firma Wibe verwendete. Nach den ersten drei Masten für Breda, Oss und Tilburg folgte eine Weiterentwicklung, die sich in den siebziger Jahren zum meistverkauften Gelenkmast-

HW-22 Brandweer s'Gravenhage. DAF/Simon-Snorkel erster Hoogwerker in NL Foto: J.W. Pots

HW-22 Brandweer Enschede. Mercedes-Benz/Simon Snorkel

HW-22 Brandweer Utrecht. Dodge/Simon-Snorkel

Foto: Peter Ijzerman

HW-22 Brandweer Veghel (ehem. Breda). DAF/Alkmaar

Foto: Manfred Nonnenbroich

HW-22 Brandweer Tilburg. DAF/Alkmaar

typ in den Niederlanden entwickelte. Bis auf eine Ausnahme hatten alle Alkmaar-Masten eine Korbbodenhöhe von 22 m.

Neben Alkmaar konnten auch einige andere Hersteller in den siebziger Jahren Gelenkmasten in den Niederlanden verkaufen: die Firmen Simon-Snorkel, Nummela, MMD und Custers. Comet aus Belgien verkaufte insgesamt fünf Teleskopmasten auf DAF Dreiachs-Fahrgestellen mit tiefergelegter Kabine sowie einem MB-Hauber.

Anfang der achtziger Jahre gab es einige entscheidende Änderungen. Zum einen konnte die Krefelder Firma Wumag erste Verkaufserfolge mit ihren Gelenkmasten verzeichnen und zum anderen erschien die Maastrichter Firma Hilton Engineering, die bis heute einen Großteil der neueren Masten verkaufen konnte. Die Firma Alkmaar verschwand 1982 vom Feuerwehrmarkt.

1988 vollzog sich wiederum ein Wechsel. In diesem Jahr verkaufte Wumag die letzten Gelenkmasten. Seitdem wurden in den Niederlanden nur noch Teleskopmasten in Dienst gestellt.

Hilton baute seit Anfang an nur Teleskopmasten, die nach hinten abgelegt wurden. Den ersten Hilton-Mast stellte die Brandweer Utrecht 1984 auf einem Mercedes-Benz Fahrgestell in Dienst. Wie die meisten Hilton-Masten wurde das Fahrzeug auf einem Dreiachser aufgebaut. Dies ermöglichte unter anderem

HW-22 Bedrijfsbrandweer Luchthaven Amsterdam-Schiphol DAF/Alkmaar

HW-22 Brandweer Grave (ehem.Rotterdam). Magirus-Deutz/Alkmaar

HW-22 Brandweer Amersfoort. Magirus-Deutz/Alkmaar

HW-22 Brandweer Heerlen. Mercedes-Benz/Alkmaar

HW-22 Brandweer Renkum. Mercedes-Benz/Alkmaar

eine größere Ausladung, bedingt durch das höhere Eigengewicht des Fahrzeugs. Die Länge der meisten Masten betrug 22 m. Wie bei den meisten Herstellern wurde später die Bezeichnung der Masten geändert. Anstelle der Korbbodenhöhe wurde nun die Arbeitshöhe angegeben, wodurch aus einem 22 m-Mast ein 24 m-Mast wurde. Der größte Mast, den es je in den Niederlanden gab, wurde 1991 bei der Werkfeuerwehr Shell in Rotterdam in Dienst gestellt. Der kombinierte 55 m-Teleskop-Gelenkmast von Hilton auf einem DAF-Vierachser wurde allerdings bereits 1998 wieder verkauft, da er sich im Werk nicht bewährt hatte.

Einen Exoten stellte die Brandweer Hengelo 1982 in Dienst, den einzigen Gelenkmast von Bronto-Skylift in den Niederlanden. Erst 1990 konnte Bronto an diesen Erfolg anknüpfen, allerdings dann ausschließlich mit Teleskopmasten.

Heute beherrschen Bronto-Skylift, Hilton und Wumag den niederländischen Markt. Erst seit wenigen Jahren werden auch Masten bis zu einer Steighöhe von 32 m beschafft, zuvor begnügte man sich meist mit etwas niedrigeren Typen bis 24 m.

Als Fahrgestelle wurden im Laufe der Zeit nahezu alle in den Niederlanden vertretenen Hersteller verwendet. Neben einigen Exoten wie Bedford, Dodge und Fiat in den siebziger Jahren, wurden die meisten Masten auf einheimischen DAF-Fahrgestellen beschafft, gefolgt von Mercedes-Benz. Magirus-Deutz Fahrgestelle wurden vor allem in den siebziger Jahren von Alkmaar verwendet, Scania seit den neunziger Jahren von Bronto und Wumag. Volvo und MAN-Fahrgestelle wurden bisher nur jeweils zweimal verwendet. Sehr beliebt ist in den letzten drei Jahren der Mercedes-Benz Econic. Auf diesem Typ wurden bereits sechs Teleskopmasten aufgebaut.

Auf ein neues Fahrgestell wurde lediglich ein Mast umgesetzt, der 22 m-Teleskopmast der Brandweer Deventer. Ursprünglich auf einem DAF, wurde er 1995 auf einen Mercedes-Benz umgebaut.

Viele kleinere Brandweeren besitzen nur einen Hoogwerker und keine zusätzliche Drehleiter, selbst einige größere Städte wie Zwolle und Tilburg setzen inzwischen ausschließlich auf Masten.

Im Gegensatz zu anderen Ländern wurden in den Niederlanden nur wenige Teleskopmasten mit einem parallelen Leitersatz ausgestattet. Lediglich sechs Brandweeren bestellten ihre Fahrzeuge mit diesem Ausstattungsmerkmal. Die meisten modernen Masten haben eine Steighöhe von 27 bis 32 m. Die Bronto-Masten wurden in der Vergangenheit von Rosenbauer-Niederlande importiert, inzwischen wurde dies von Ziegler-Niederlande übernommen. Den Import für Wumag erledigt die Firma Algebra.

HW-25 Brandweer Rheden. Mercedes-Benz/Alkmaar. Einziger 25 m-Mast von Alkmaar

HW-22 Brandweer Terneuzen. Scania/Nummela

HW-22 Brandweer Ede. DAF/Nummela

HW-25 Brandweer Nijmegen. Mercedes-Benz/Comet

HW-25 Brandweer Best (ehem. Tiel). DAF/Comet

HW-24 Brandweer Beverwijk.
Mercedes-Benz/Wumag

HW-24 Brandweer Purmerend.
Mercedes-Benz/Wumag

HW-24 Brandweer
Haarlemmermeer.
DAF/Wumag

HW-18 Brandweer Zwolle. Iveco-Magirus/Wumag

HW-28 Brandweer Roermond. Scania/Wumag

HW-32 Brandweer Zutphen.
Mercedes-Benz/Wumag

HW-32 Brandweer Zeist.
MAN/Wumag

HW-22 Brandweer Hengelo.
DAF/Bronto-Skylift, einziger
Gelenkmast von Bronto in NL

HW-24 Brandweer Doetinchem. DAF/Bronto-Skylift

HW-24 Brandweer Breda. Scania/Bronto-Skylift

HW-24 Brandweer Den Helder.
Scania/Bronto-Skylift

HW-27 Brandweer Zwolle. Scania/Bronto-Skylift. Das Fahrzeug ersetzte nicht den Mast auf Seite 101, sondern eine DLK 30 von Magirus

HW-27 Brandweer s'Hertogenbosch. Mercedes-Benz/Bronto-Skylift. Ungewöhnlicherweise wurde das Fahrzeug von Rosenbauer-Belgien geliefert und nicht von Ziegler-Niederlande

HW-22 Brandweer Utrecht. Mercedes-Benz/Hilton, erster Hilton-Mast in NL

HW-22 Brandweer Zaanstad. Mercedes-Benz/Hilton

Foto: Joop Riezebos

HW-24 Brandweer s'Gravenhage. Mercedes-Benz/Hilton

HW-24 Brandweer Nijmegen. Mercedes-Benz/Hilton

HW-24 Brandweer Enschede. Mercedes-Benz/Hilton

HW-19 Brandweer Apeldoorn.
Mercedes-Benz/Hilton

HW-22 Brandweer Rotterdam.
DAF/Hilton

HW-22 Brandweer Vianen
(ehem. Rotterdam). DAF/Hilton

HW-24 Brandweer Tilburg. DAF/Hilton

HW-55 Bedrijfsbrandweer Shell Rotterdam. DAF/Hilton
Foto: Theo van der Weerden

HW-19 Brandweer Culemborg. Volvo/Hilton

HW-24 Brandweer s'Gravenhage. DAF/Hilton

Standort	Typ	Fahrgestell	Aufbau	Baujahr/ Indienstst.	aD	Anmerkungen
s'Gravenhage,ZH	HW-19	DAF 16DD585	Simon-Snorkel SS 65	66	79	1. Hoogwerker in NL ab 1979 Museum Hellevoetsluis
Enschede,O	HW-22	MB L 1621 B	Simon-Snorkel SS220	74	92	
Utrecht,U	HW-22	Dodge K 1050	Simon-Snorkel SS220	74	84	
Beverwijk,NH	HW-22	Dodge K 1050	Simon-Snorkel SS220	75	87	
S'Gravenhage,ZH	HW-22	MB L 1621 B	Simon-Snorkel SS220	75	89	
Leuwaarden,Fr	HW-22	MB L 1924 B	Simon-Snorkel SS220	76	98	
Lochem,Gld	HW	Ford Customcab	?	66/?	?	Arbeitsbühne
Breda,NB	HW-22	DAF A1600BB490	Machinefabriek Alkmaar	70	82	1982 bis 1990 Veghel, NB
Tilburg,NB	HW-22	DAF FA2200DHU525	Machinefabriek Alkmaar	72	92	
Oss,NB	HW-22	MB L 1418 B	Machinefabriek Alkmaar	72	93	
Leiden,NH	HW-22	MD F 170 D 19 F	Machinefabriek Alkmaar PH22/3	73	85	ab 1985 Bedrijfsbrandweer Heineken Zoeterwoude, NH
Rotterdam,ZH	HW-22	MD F 170 D 19 F	Machinefabriek Alkmaar PH22/3	74	85	ab 1985 Zevenaar, Gld
Rotterdam,ZH	HW-22	MD F 170 D 19 F	Machinefabriek Alkmaar PH22/3	74	85	ab 1985 Grave, NB

HW-28 Brandweer Tilburg. DAF/Hilton

Standort	Typ	Fahrgestell	Aufbau	Bauj./IDst.	aD	Anmerkungen
Haarlem,NH	HW-22	MD F 170 D 16 F	Machinefabriek Alkmaar PH22/3	74	90	1990 bis 1992 Roermond, L ab1992 Beveren, B
Amersfoort,U	HW-22	MD F 170 D 19 F	Machinefabriek Alkmaar PH22/3	76		
Roermond,L	HW-22	MB L 1921 B	Machinefabriek Alkmaar PH22/3	76	90	
Renkum,Gld	HW-22	MB LK 1924 B	Machinefabriek Alkmaar PH22/3	76		ursprünglich gelb
Dongeradeel,Fr	HW-22	DAF FA2200DHU525	Machinefabriek Alkmaar PH22/3	76	97	
Enkhuizen,Fr	HW-22	MB L 1924 B	Machinefabriek Alkmaar PH22/3	77		
Heerlen,L	HW-22	MB L 1921 B	Machinefabriek Alkmaar PH22/3	77	93	
Schiphol,NH	HW-22	DAF FA2200DU525	Machinefabriek Alkmaar PH22/3	77	91	ursprünglich gelb
Waalwijk,NH	HW-22	DAF FA2200DHU525	Machinefabriek Alkmaar PH22/3	78	02	
s'Gravenhage,ZH	HW-22	MB LK 1924 B	Machinefabriek Alkmaar PH22/3	79	98	
Rheden,Gld	HW-25	MB LK 1924 B	Machinefabriek Alkmaar PH25/3	80		
s'Hertogenbosch,NB	HW-22	DAF FF2300DHU505	Machinefabriek Alkmaar PH22/3	81	01	
Apeldoorn,Gld	HW-16	Fiat 662 ND	Nummela-Skylift NS16-3	72	89	
Terneuzen,Z	HW-22	Scania-Vabis L 85	Ajax/Nummela-Skylift NS22-3	74		ursprünglich gelb
Ede,Gld	HW-22	DAF FA2000DH325	Ajax/Nummela-Skylift NS22-3	75	92	
Nijmegen,Gld	HW-25	MB LK 2624 B	Comet	73	90	
Zoetermeer,ZH	HW-25	DAF/Vomeda	Comet	74	89	
Eindhoven,NB	HW-25	DAF/Vomeda	Comet	76	90	
Amsterdam,NH	HW-25	DAF/Vomeda	Comet	77	80	
Tiel,Gld	HW-25	DAF FFG2505DHS505	Comet	83	00	ab 2000 Best, NB
Haarlemmermeer,NH	HW-22	MB L 1513 B	MMD	75	88	
Harderwijk,Gld	HW-22	DAF FA2200DU525	MMD	76		
Helmond,NB	HW-22	DAF FA2000DU525	MMD-Custers Aquarius 450-21,5-36	76	01	ursprünglich gelb
Nijkerk,Gld	HW-22	DAF FF2300DHU380	MMD-Custers HPH21,5m 450/3B	81		
Gasselte,D	HW-10,5	Bedford TK	Custers	68/82	99	Arbeitsbühne ehem. Elektrizitätsbetrieb
Deventer,O	HW-22	DAF FF2300DHU505	Custers	80	95	Mast umgesetzt auf neues Fg.
Valkenswaard,NB	HW-16,5	DAF FF45.10	Custers	93		Arbeitsbühne Mitnutzung Stadtwerke weiß
Deventer,O	HW-22	MB 1927	Custers	95		alter Mast
Alkemade,ZH	HW	VW	Ruthmann	78		Arbeitsbühne
Zutphen,Gld	HW-24	DAF FFS2300DHU483	Wumag Elevant WO235F	80	00	
Breda,NB	HW-24	DAF FFS2300DHU483	Wumag Elevant WO235F	81	96	
Hilversum,NH	HW-24	DAF FFG2505DHS555	Wumag Elevant WO235F	83	02	
Beverwijk,NH	HW-24	MB 2222 6x2	Wumag Elevant WO235F	87		

HW-28 Brandweer Helmond. DAF/Hilton

HW-24 Brandweer Maastricht
Mercedes-Benz/Hilton

Standort	Typ	Fahrgestell	Aufbau	Bauj./IDst.	aD	Anmerkungen
Purmerend,NH	HW-22	MB 2222 6x2	Wumag Elevant WS220F	88		
Zwolle,O	HW-17	IM 110-16 A	Wumag Elevant WM170F	88		
Haarlemmermeer,NH	HW-26	DAF FFG2505DHS555	Wumag Elevant WS260F	88		
Heerhugowaard,NH	HW-24	MB 2429 6x2	Wumag Elevant WS240F	91		
Roermond,L	HW-28	Scania P93HL6x2Z280	Wumag Elevant WTF280	92		
Leidschendam,ZH	HW-28	Scania P93HL6x2Z280	Wumag Elevant WTF280	92		ab 2000 Brandweer Vlietsteden (Voorburg+Leidschendam)
Spijkenisse,ZH	HW-24	DAF FFN75.300RC545	Wumag Elevant WTF240	96		
Tiel,Gld	HW-32	MB 1828 LL Econic	Wumag Elevant WTF320	00		
Zutphen,Gld	HW-32	MB 1828 LL Econic	Wumag Elevant WTF320	00		
Zeist,U	HW-32	MAN LE 280 B	Wumag Elevant WTF320	02		
Hengelo,O	HW-22	DAF FA2300DHU505	Bronto-Skylift 322	83	99	
Veghel,NB	HW-22	Volvo FL 617	Saval-Kronenburg/Bronto-Skylift 22-2T1	90		Leiter
Ede,Gld	HW-22	Scania P93M280	Kronenburg/Bronto-Skylift 22-2T1	92		
Roosendaal&Nispen,NB	HW-30	DAF FAN75.300R405	Rosenbauer/Bronto-Skylift F30HDT	94		Leiter
Doetinchem,Gld	HW-24	DAF FFN75.300R405	Rosenbauer/Bronto-Skylift F24HDT	96		
Breda,NB	HW-24	Scania P113HL320	Rosenbauer/Bronto-Skylift F24HDT ER	96		
Den Helder,NH	HW-24	Scania P113H3206x4	Rosenbauer/Bronto Skylift F24HDT	96		Leiter
Dongeradeel,Fr	HW-24	DAF 75.270RC490	Rosenbauer/Bronto-Skylift F24HDT	97		
Vlissingen,Z	HW-32	MB 1424	Rosenbauer/Bronto-Skylift F32MDT2000	98		Leiter ab 2000 Bw. Vlissingen-Middelburg
Hengelo,O	HW-27	MAN 18.264 LC	Rosenbauer/Bronto-Skylift F27HDT2000	99		
Veendam,Gr	HW-27	MB 1828 LL Econic	Rosenbauer/Bronto-Skylift F27HDT2000	99		
Veenendaal,Gld	HW-32	MB 1828 LL Econic	Ziegler/Bronto Skylift F32RL	01		Leiter
s'Hertogenbosch,NB	HW-27	MB 1828 LL Econic	Rosenbauer-Belg./Bronto-Skylift F27RLH	01		
Zwolle,O	HW-27	Scania P94DB300 6x2	Ziegler/Bronto-Skylift F27RLH	01		
Utrecht,U	HW-22	MB 2219 6x2	Hilton 220 T	84	00	
Rotterdam,ZH	HW-22	DAF FAG2505DHS555	Hilton 220 T	84	93	ab 1993 Oss, NB
Rotterdam,ZH	HW-22	DAF FAG2505DHS555	Hilton 220 T	85	93	ab 1993 Vianen, ZH
Zaanstad,NH	HW-22	MB 2228 6x2	Hilton 220 T	87		
s'Gravenhage,ZH	HW-24	MB 2222 6x2	Hilton 235 T	88		
Dordrecht,ZH	HW-24	MB 2222 6x2	Hilton 235 T	89		
Zoetermeer	HW-24	DAF FAR2503DHS452	Hilton 235 T	89		
Nijmegen,Gld	HW-24	MB 2435 6x2	Hilton 240 T	90		
Shell Rotterdam,ZH	HW-55	DAF FFD2525DHS575	Hilton 550 KT	91		
Enschede,O	HW-24	MB 2635 6x2	Hilton 255 D	91		
NIBRA,Gld	HW-24	DAF FFN2700HS	Hilton 235 T	92	99	ab 1999 Geleen, L
Tilburg,NB	HW-24	DAF FFN2700HS	Hilton 240 T	92		
Apeldoorn,Gld	HW-19	MB 1929	Hilton 190 T	93		
Culemborg,Gld	HW-19	Volvo FS 719/50	Hilton 190 T	94		
Heerlen,L	HW-24	DAF FFN75.300R405	Hilton 240 T	94		Leiter
Leeuwaarden,Fr	HW-24	MB 2538 6x2	Hilton 240 T	96		
s'Gravenhage,ZH	HW-24	DAF FF75.270RC480	Hilton 240 T	97		
s'Gravenhage,ZH	HW-24	DAF FF75.270RC480	Hilton 240 T	97		
Utrecht,U	HW-24	MB 1827	Hilton 240 T	97		
Woerden,U	HW-24	DAF FF75.290CF490	Hilton T 240	00		
Maastricht,L	HW-24	MB 1828 LL Econic	Hilton T 240	01		
Tilburg,NB	HW-28	DAF FFN75.320CF	Hilton T 280	01		
Helmond,NB	HW-28	DAF FFN85.380CF	Hilton T 280	01		
Hilversum	HW-	DAF	Hilton T	02		
Wealwijk	HW-	MB Econic	Hilton T	02		
Chemelot Park Protection	HW-14	MB 310	Alpes/Mostard	93		Arbeitsbühne

Vielfalt in Brunsbüttel

Sechs Feuerwehren – 51 Fahrzeuge

von Dr. Andreas Klingelhöller

Beeindruckend sind die Zahlen der kumulierten Leistungen und Kapazitäten der Feuerwehrfahrzeuge am Standort Brunsbüttel in Schleswig-Holstein: 43.200 l/min Pumpenleistung, 23.480 l Wasser, 43.650 l Schaummittel und 9.500 kg Pulver. Und in einem Wechselaufbau sind noch 6.000 kg CO_2 sofort verfügbar. Dies alles in einer Kleinstadt mit 14.000 Einwohnern? Natürlich rechtfertigt es die Brandlast einer solchen Kommune allein nicht, 51 Feuerwehrfahrzeuge vorzuhalten. In zwei Industriegebieten des Wirtschaftsraumes Brunsbüttel, die teilweise auch in den benachbarten Kreis Steinburg hineinreichen, sind beidseitig des Nord-Ostsee-Kanals seit Anfang der 70er Jahre diverse Unternehmen und Produktions- und Verladestätten für Chemieprodukte angesiedelt worden. Immerhin 9 Betriebe von insgesamt 22 in Schleswig-Holstein, die der Störfallverordnung unterliegen, haben ihre Heimat in Brunsbüttel. Dazu zählt auch die einzige Sonderabfallverbrennungsanlage Schleswig-Holsteins. Nicht zuletzt ergänzt ein Kernkraftwerk das Spektrum der industriellen Vielfalt. Die Freiwillige Feuerwehr der Stadt zeichnet neben ihren originären Aufgaben in der Stadt für die Risikoabdeckung in den drei Häfen (Jahresgüterumschlag rund 8,2 Mio. Tonnen), den Schleusenanlagen am Zusammenfluss von Kanal und Elbe – jährlich durchfahren rund 38.000 Schiffe den Kanal – und als Folge eines großen Schiffbrandes seit 1986 für die Schiffsbrandbekämpfung auf der Unterelbe in einem 30 km langen Flussabschnitt zwischen Oste- und Störmündung verantwortlich. Hinzu kommt aktuell im Rahmen einer vom Landesinnenminister angeforderten überörtlichen Amtshilfe zusammen mit den Berufsfeuerwehren Kiel, Lübeck und Flensburg die Übernahme einer Komponente "Brandschutz" innerhalb des in Cuxhaven stationierten Havariekommissariats, das für die Schiffsunfallbekämpfung auf der Nord- und Ostsee zuständig ist. Eine kommunale freiwillige Feuerwehr mit der einsatztaktischen Vorhaltung von sechs Löschgruppen an drei Standorten und fünf Werk- und Betriebsfeuerwehren geben mit ihrer fahrzeugtechnischen Ausrüstung in der Gesamtheit ein interessantes Bild von dem geballten Brandschutzpotential in diesem häufig eher beiläufig beachteten Landesteil.

ELW 1 des Gemeindewehrführers der FF Brunsbüttel. Fahrgestell: Ford Maverik mit 91-kW-Benzinmotor. Aufbau: Serie/Eigenumbau nach Übernahme, Baujahr1994/2000. Der ELW wird außerdem vom ELvD (Einsatzleiter vom Dienst) genutzt. Neben den normalen Kommunikationseinrichtungen (2-m- und 4-m-BOS-Funk, Mobiltelefon) gehört ein mobiles UKW-Seesprechfunkgerät zur Ausstattung.

ELW 1 der FF Brunsbüttel-Ort. Fahrgestell: MB Sprinter 312 D, Aufbau: Rappold (Wülfrath), Baujahr 1998. Ein baugleicher ELW 1 (1999) ist an der Hauptwache beim Löschzug Nord stationiert. Die Beladung und Ausrüstung umfasst u.a. ein Faxgerät, eine PC-/Drucker-Kombination mit Gefahrgut-Datenbank, diverse Einsatz- und Hydrantenpläne und ein Fernthermometer. Der Wagen wird auch als Mehrzweckfahrzeug für den Personentransport eingesetzt.

Stadt und Wirtschaftsraum

Die Chemieindustrieregion Unterelbe mit der im Jahr 1970 aus mehreren Kirchspielgemeinden gebildeten Stadt Brunsbüttel als kommunalem Zentrum liegt am westlichen Ende des Nord-Ostsee-Kanals. Seinen Ursprung hatte der Kanalbau in den militärischen Überlegungen des späten Preußenstaates unter Kaiser Wilhelm I., da bei der Verschiebung von Flottenteilen zwischen der Nord- und der Ostsee 250 Seemeilen, die sonst für den Weg um Skagen nötig sind, gespart werden konnten. Der Kanalbau in den Jahren 1887 bis 1895 war gleichzeitig der Beginn der wirtschaftlichen Entwicklung für die Region. 1917 siedelte die erste Düngemittelfabrik am Kanal an. Dann folgte 1927 das erste petrochemische Werk. Im

FF Brunsbüttel: DLK 23-12 CC. Fahrgestell: Iveco 150 E 27 Eurofire, Aufbau: Magirus, Baujahr 2001. Mehr als 25 Jahre hat es gedauert, bis die kommunale Feuerwehr eine Drehleiter beschaffte. Bereits in einer Wehrversammlung im Oktober 1975 stellte der damalige Bürgermeister die Anschaffung eines solches Fahrzeugs in Aussicht. Die Drehleiter ist u.a. mit zwei Atemschutzgeräten, zwei Fluchtmasken, Rollgliss, Schleifkorbtrage und einer elektrischen Kettensäge ausgestattet.

Jahr 1959 investierten das Land Schleswig-Holstein und der Bund in den ersten Ölhafen am Kanal, und 1967 fiel mit dem Bau des Elbehafens, der für Schiffe mit einem Tiefgang von bis zu 13 Meter ausgelegt war, der Startschuss für die großflächige Industrieentwicklung zwischen Elbe und Nord-Ostsee-Kanal im Laufe der 70er Jahre. Mehr als 5.000 Menschen sind direkt und indirekt durch die und in der Industrie beschäftigt. Wenn auch nicht alle ursprünglichen Visionen für die wirtschaftliche Entwicklung des Standortes Realität geworden sind, so arbeiten doch die Beteiligten aus Wirtschaft und Politik nachhaltig an der Zukunft dieser Landesregion. Eine feste Elbquerung bei Glückstadt soll bis spätestens 2011 realisiert werden. Bis 2004 soll die Region Brunsbüttel mit dem auf der anderen Elbeseite liegenden Chemiestandort Stade durch eine viergliedrige 45 km lange kombinierte Chemie- und Gaspipeline verbunden werden und die Bahnstrecke Itzehoe – Brunsbüttel ist im Bundesverkehrswegeplan zur Elektrifizierung angemeldet.

Freiwillige Feuerwehr Brunsbüttel

Die 15 Fahrzeuge und die sonstigen Gerätschaften der 1889 gegründeten Freiwilligen Feuerwehr stehen in drei Gerätehäusern im Stadtgebiet. Diese Aufteilung ist notwendig, um die im Landesbrandschutzgesetz vorgeschriebene Hilfsfrist von 10 Minuten für das Eingreifen einer Löschgruppe und die Ergänzung auf Löschzugstärke innerhalb weiterer 5 Minuten zu gewährleisten. Das Stadtgebiet von Brunsbüttel ist 6.525 ha groß. Die Feuerwehr Brunsbüttel zählte am 31.12.2001 insgesamt 156 aktive, freiwillige Kräfte sowie vier hauptberufliche Feuerwehrbeamte. Von diesen sind zwei als Gerätewarte tätig, zwei Beamte werden letztlich aus Landesmitteln für die Schiffsbrandbekämpfung bezahlt. Im Berichtsjahr 2001 hatte die Feuerwehr Brunsbüttel 243 Einsätze abzuarbeiten, davon 39 Brände. Die besondere Aufgabenstellung auf dem Wasser macht eine Personalverstärkung bis 2006 um weitere vier hauptamtliche Kräfte notwendig. Im letzten Jahresbericht spricht der Gemeindewehrführer von der "Industrie- und Hafenfeuerwehr" Brunsbüttel und beschreibt damit das Gefahrenpotential der 799 gewerblichen Betriebe und Unternehmen sowie der Wasserstraßen. So wird es auch erklärlich, dass zwei Fahrzeuge des Fuhrparks der Wehr bei ihrer Beschaffung aus Drittmitteln finanziert wurden – 1995 ein TLF 60/45/45 für den Landeshafen an der Elbe durch das Land Schleswig-Holstein und 1997 vom Betreiber der Sonderabfallverbrennungsanlage ein TLF 40/20/9 für die dortige Risikoabdeckung. Zwei Feuerlöschschlepper liegen ständig in den Häfen von Brunsbüttel. Sie werden von einer privaten Firma bereedert und im Einsatz von Kräften der Feuerwehr besetzt. Die mobile Ausrüstung der beiden 30 Tonnen Pfahl-

FF Brunsbüttel: LF 16. Fahrgestell: Magirus-Deutz FM 192 D 11 FA, Aufbau: Magirus, Baujahr 1980. Das Standardfahrzeug wird als Reserve eingesetzt und führt 1.600 Liter Wasser mit. Als eines von insgesamt sechs Fahrzeugen bei der FF ist das LF 16 mit einer Scheren/Spreizer-Kombination für technische Hilfeleistungen ausgerüstet.

FF Brunsbüttel: LF 16/12. Fahrgestell: Daimler-Chrysler Atego 1325 AF, Aufbau: Ziegler, Baujahr 2000. Das neueste Fahrzeug im Bestand der FF Brunsbüttel ist dieses nach DIN beladene LF 16/12. Neben 1.600 l Wasser in einem GFK-Tank werden 150 Liter Schaummittel mitgeführt. Die Steck- und Schiebleitern sind mittels einer Entnahmehilfe vom Boden aus entnehmbar. Einmannhaspel mit 8 B-Schläuchen.

FF Brunsbüttel-Ort: TLF 8/18. Fahrgestell: Mercedes-Benz Unimog U 1300 L, Aufbau: Schlingmann, Baujahr 1988. Als Vorbild für den aufgebauten Werfer des TLF 8/18, der aus dem 1.800-Liter-Tank gespeist wird, dienten Waldbrand-TLF in Niedersachsen. Als Besonderheit ist die Beladung mit einem Sprungretter (System Lorsbach) sowie einem HD-Lüfter zu nennen.

FF Brunsbüttel: TLF 16/25. Fahrgestell: Mercedes-Benz 1222 AF, Aufbau: Ziegler, Baujahr 1988. Besonderheit dieses ansonsten regulären TLF 16/25: Beladung mit einer Wärmebildkamera, einem Sprungretter sowie Schere/Spreizer. Der Löschwassertank fasst 2.500 l.

FF Brunsbüttel, Löschzug Süd: TLF 40/20/9, Fahrgestell: Mercedes-Benz 1831 A, Aufbau: Rosenbauer. Baujahr 1997. Im Gerätehaus auf der Südseite des Nordostseekanals ist dieses TLF 40/20/9 (2.000 l Wasser; 900 l Schaummittel) stationiert. Es ist sowohl für die Brandbekämpfung als auch für technische Hilfeleistungen ausgelegt. Die Rosenbauer NH 40 leistet 4.500 l/min bei 10 bar bzw. 250 l/min bei 40 bar. Die Schaummittelpumpe R 60 H3 mit Antrieb durch 36,5 kW-Hatz-Diesel fördert 440 l/min bei 16 bar. Der fernbediente RM 60 E Werfer schafft bis zu 4.000 l/min, Wurfweite: bis 66 m. Technische Ausstattung: Rotzler Treibmatic 50 kN. Stromerzeuger 8 kVA, hydraulischer Rettungssatz. Außerdem: Chemie- und Hitzeschutzanzüge, Wärmebildkamera.

FF Brunsbüttel: TLF 60/45/45. Fahrgestell: Mercedes-Benz 2631 A, Aufbau: Rosenbauer, Baujahr 1995. Das Fahrzeug der FF Brunsbüttel mit einem Aufbau von Rosenbauer ist das TLF 60/45/45 auf der Nordseite des Kanals. Im Vergleich zu dem TLF auf der Südseite ist die TH-Komponente nicht so umfangreich, dafür ist die Löschkraft stärker ausgeprägt – Rosenbauer R 600 N2 (6.000 l/min bei 10 bar), 4.500 l Wasser, 4.500 l Schaummittel, fernbedienter Werfer mit 4.000 l/min bei 83 m Wurfweite. Staffelbesatzung.

FF Brunsbüttel-Ort: SW 2000. Fahrgestell: Mercedes-Benz 1222 AF, Aufbau: Schlingmann, Baujahr 1991. Der SW 2000 ist DIN-gerecht mit den für die Wasserförderung notwendigen Ausrüstungsgegenständen beladen. Auffällig ist die Staffelkabine.

FF Brunsbüttel: GW-A/S. Fahrgestell: Mercedes-Benz 508 D, Aufbau: Makoben, Baujahr 1974. Das zwischenzeitlich älteste Fahrzeug der FF Brunsbüttel ist dieser GW-A/S. Der GW führt u.a. mit: Strahlenschutzsonderausrüstung für eine Löschgruppe, 6 PA 58, 6 Langzeitatemschutzgeräte Travox, 6 CSA, 4 Hitzeschutzanzüge, Messkoffer für Gefahrgüter, ExOx Kombiwarngerät.
Im Fahrzeugheck ist eine Duschanlage verlastet.

FF Brunsbüttel: WLF mit AB-Schiff. Fahrgestell: Mercedes-Benz 1928 F, Aufbau: Atlas, Baujahr 1988. Zur Erweiterung des Einsatzspektrums (u.a. Umsetzung der Gitterboxen des AB-Schiff) ist der Kran (Atlas) des WLF zusätzlich mit einer Seilwinde ausgestattet. Die Staukästen am Fahrgestell sind in Eigenleistung nachgerüstet worden. Der AB-Schiff fasst 16 Gitterboxen, in denen eine umfangreiche Beladung für die Schiffsbrandbekämpfung gestaut ist. Diese Gitterboxen sind ausschließlich mit den Seaking-Hubschraubern des SAR-Dienstes der Bundeswehr luftverlastbar. Alternativ werden für den Materialtransport mit Hubschraubern Big Bags verwandt, die bis eine Last von bis 1.000 kg aufnehmen können.

FF Brunsbüttel: ZLF 4500. Fahrgestell: Mercedes-Benz LAK 1620, Aufbau: Bachert, Baujahr 1967, a.D. 1995. Seit seiner Ausmusterung steht dieses ZLF 4500 im Feuerwehrmuseum Norderstedt. Das mit Landesmitteln beschaffte Fahrzeug wurde zum Brandschutz im Landeshafen an der Elbe eingesetzt. Aufgabe des ZLF: Transport von 4.500 Litern Schaummittel, welches über einen Zumischer durch eine FP 16/8 abgegeben wurde.

zug-Schiffe "Parat" und "Bugsier 11" ist mit einem LF 16 vergleichbar. Sie sind u.a. mit leistungsfähigen Pumpen (9.000 l/min), ausfahrbaren Schaum/Wasserwerfern, Schaumtanks (18.000 l) und Selbstschutzeinrichtungen ausgestattet.

Werkfeuerwehr SAVA

Im Jahr 1998 nahm die Sonderabfallverbrennungsanlagen GmbH ihren Betrieb auf, nachdem es schon 1987 erste Überlegungen zum Bau einer solchen Entsorgungsanlage gegeben hatte, die bis zum Betriebsbeginn Investitionen von rd. 180 Mio. EUR erforderte. Die Gesellschaft ist eine Tochter der RWE Umwelt AG und der E.ON Kraftwerke GmbH und hat im Wirtschaftsjahr 2000/2001 bei einer Anlagenverfügbarkeit von 91 % in rd. 8.000 Betriebsstunden 45.200 Tonnen Sonderabfall thermisch behandelt. Kernstück der Anlage ist der 12 m lange und 4,10 m im Querschnitt messende Drehrohrofen, in dem bei Temperaturen zwischen 950 und 1.200 Grad Celsius ca. fünf Tonnen fester, flüssiger und pastöser Abfall pro Stunde verarbeitet werden. Die anfallenden Verbrennungsgase werden letztlich auch zur Stromerzeugung genutzt, so dass im o.a. Berichtsjahr rd. 8,6 Mio. kWh zum Eigengebrauch und zur Einspeisung in das Leitungsnetz des regionalen Energieversorgers verwandt worden sind. Aber auch andere Nachprodukte werden sinnvoll genutzt: Gips, Schlacke für den Baubereich und Flugasche als Versatzmaterial im Bergbau. 20 % der Sonderabfälle kommen aus Schleswig-Holstein, 40 % aus dem übrigen Bundesgebiet. Die zur Anlagenauslastung notwendigen Restmengen müssen im Ausland akquiriert werden – Irland und die Niederlande sind aktuell die Hauptlieferländer. 65 Mitarbeiter arbeiten bei der SAVA, davon ein hauptamtlicher Feuerwehrmann. Eine solche Lösung war möglich, weil einerseits die WF SAVA zwar selbst ein PLF 500 einsetzt. Andererseits ist das zuvor genannte TLF 40/20/9 im Gerätehaus des zuständigen Löschzuges Süd der FF nur rd. 1,5 km von der Verbrennungsanlage entfernt stationiert.

Werkfeuerwehr SASOL

Im Werk Brunsbüttel stellt die zu einem südafrikanischen Chemiekonzern gehörige Sasol Deutschland GmbH zwei Produktgruppen her: Aluminiumoxidhydrate, sog. Tonerden als Vorprodukte für die Katalysator-, Keramik- und Schleifmittelindustrie sowie Fettalkohole, die als Roh- und Hilfsstoffe in der Kunststoff-, Waschmittel-, Papier- und Ölindustrie Verwendung finden. Das Werk gehörte bis zum

Das TroLF 500 auf dem Mercedes-Benz Sprinter-Fahrgestell 412 D-KA der WF SAVA ist passend zum Betriebsbeginn im Jahr 1997 von Schmitz geliefert worden. Das Fahrzeug verlässt das Werksgelände nicht und trägt deshalb keine amtlichen Kennzeichen. Die Beladung ist auf die individuellen Belange zugeschnitten: Zwei 250 kg ABC-Pulveranlagen (Minimax) und beidseitig je eine Schnellangriffpistole an einem 60 m Schlauch, 2 x CSA, 2 x HSA, 3 x PA, Ex-Ox-Warngerät, Gasspürkoffer, diverse Armaturen und Schläuche und 3 x 20 l Schaummittel

Februar 2001 zur CONDEA, dem Chemiegeschäft der RWE/DEA-Gruppe. Rd. 2/3 der Produktion wird mit Schwerpunkt innerhalb Europas exportiert, wobei die versandfertigen Produkte, die auf der Straße transportiert werden, teilweise via Shuttleverkehr zunächst in das Hochregallager einer im Chemiepark angesiedelten Spedition verbracht werden. Die Vernetzung der Firmen innerhalb des Chemiestandortes Brunsbüttel wird noch deutlicher. Der in der Erzeugung notwendige Wasserstoff wird durch eine stationäre Pipeline von der entsprechenden Anlage der Linde AG im Bayer-Chemiepark zugeleitet. Ein anderes Vorprodukt, das Kohlenwasserstoffgas Ethylen kommt durch eine weitere Pipeline aus der ca. 60 km entfernten Shell & DEA Oil Raffinerie in Hemmingstedt bei Heide. Von den 523 Mitarbeitern des Werks arbeiten zwölf als hauptamtliche Angehörige der Werkfeuerwehr, die schon 1962 gebildet worden ist. Für die zweitgrößte Werkfeuerwehr in Brunsbüttel gilt eine Hilfsfrist von 2,5 Minuten innerhalb der das entfernteste Brandobjekt innerhalb des Werkgeländes erreicht sein muss. Eine 24-Stunden-Wachschicht wird mit einer Mindeststärke von 0/1/2 gefahren. Die mobile Ausstattung der Werkkräfte basiert auf drei Fahrzeugen: Ein RTW und zwei Löschfahrzeuge. Eine Rosenbauer-Normaldruckpumpe R 600 ist zusätzlich auf einem Hänger verlastet. Ebenfalls auf einem Hänger werden 6.000 l Schaum mobil bevorratet. Beachtlich ist aber auch die Vorhaltung von stationären Mitteln und Anlagen zum abwehrenden Brandschutz: 7.000 l Schwerschaum, 24.600 l Mehrbereichsschaum, 38 stationäre und fahrbare Schaum-Wasser-Werfer mit einer Leistung von bis 3.000 l/min. Von der WF Sasol wird zudem die wasserseitig vorgelagerte DEA-Ölverladestation am Rand des Nordostseekanals einsatzmäßig betreut. Nicht zuletzt deshalb, weil das zur Produktion im Werk notwendige Rohöl eben dort angelandet wird.

Betriebsfeuerwehr ELF BITUMEN

Der Standort des heutigen Bitumenwerkes Brunsbüttel-Ostermoor der ELF Bitumen Deutschland GmbH hat die längste Vergangenheit dieser Industrieregion. 1914 richtete die kaiserliche Marine hier unter Nutzung der strategisch günstigen Lage am ehemaligen "Kaiser-Wilhelm-Kanal" eine Bunkerstation ein, um die Seekriegsflotte mit Treiböl zu versorgen. Nach mehreren Eigentümer- und Betreiberwechseln gehört die Raffinerie heute zur TotalFinaElf-Gruppe, die national und international eine Reihe von petrochemischen Geschäftsfeldern besetzt. Bitumen nur eine schwarze, klebrige, je nach Zustand heiße Masse? Nein, allein in Brunsbüttel werden

WF Sasol: TroTLF 24/35/10/10, Fahrgestell: MAN 22.240 FNL, Aufbau: Ziegler, Baujahr 1981. Ebenfalls in die Kategorie der Universallöschfahrzeuge ist dieses TroTLF 24/35/10/10 einzuordnen. Das Fahrgestell besitzt eine Schleppachse und ein 6-Gang-Schaltgetriebe. Die Motorleistung von 177 kW wird bei 2.200/min aus 11.334 ccm Hubraum (!) erzeugt. An Löschmitteln werden 3.500 l Wasser (in einem V2A-Tank), 1.000 l Mehrbereichsschaummittel und 1.000 kg ABC-Pulver mitgeführt. Jeweils links und rechts befinden sich im Aufbau Schnellangriffseinrichtungen für Wasser/Schaum (gespeist durch eine Ziegler FP 24/8) und Pulver. Beachtlich ist die Beladung mit Zumischern (7 x Z8, 5 x Z4) und Schaumrohren (4 x S8, 5 x S4).

WF Sasol: TroSLF 40/5/40. Fahrgestell: MAN 18.232 F, Aufbau: Doll, Baujahr 1994. Eine Rarität sind Feuerwehrfahrzeuge mit einem Aufbau der Doll Fahrzeugbau GmbH, Oppenau. Dieses TroLF 4000 (Bezeichnung auf dem Typenschild) – ist eines davon. Es führt 4.000 kg ABC-Pulver mit. Die PLA 4000 stammt von Total. Zwei Schnellangriffseinrichtungen (60 m Schlauchlänge). Der Pulverwerfer auf dem Aufbau hat eine Leistung von bis zu 40 kg/sec. Die englische Godiva-Pumpe kann bei Fremdeinspeisung von Wasser sowohl mit Normaldruck (4.000 l/min bei 8 bar) als mit Hochdruck (400 l/min, 40 bar) gefahren werden. Die Pumpe besitzt hydraulischen Antrieb, die vom Fahrzeugmotor angetrieben wird. Der Schaum wird von außen zugeführt oder dem Fahrzeugtank (Inhalt 500 l) entnommen. Die Beladung umfasst u.a. eine Schere/Spreizer-Kombination, einen Sprungretter, ein 7,4-kVA-Stromerzeuger und einen mobilen Akron-Wasserwerfer (2.400 l/min).

WF Sasol: RTW. Fahrgestell: Mercedes-Benz 310 D, Aufbau: Miesen, Baujahr 1991. Im Bedarfsfall kann der öffentliche Rettungsdienst auf den Sasol-RTW zurückgreifen. Deshalb auch die Ausstattung mit einem 4m-BOS-Funkgerät.

BtF Elf Bitumen: TroLF 2000. Fahrgestell:Mercedes-Benz LAF 1113 B, Aufbau: Metz/Total, Baujahr 1976. Das TroLF 2000 ist von der Elf Raffinerie in Speyer nach Brunsbüttel-Ostermoor übernommen worden. Die 50 kN-Rotzler-Seilwinde und die Lautsprecher auf dem Pulverbehälter waren bereits vorhanden. In den Aufbau ist ein Luftkompressor integriert, der ein Luftpolster aufbaut, welches den Stickstoff zum Austreiben des BC-Pulvers permanent unter einem Druck von 32 bar hält.

BtF Elf Bitumen: ZLF 4500. Fahrgestell: KHD 200 D 16 A, Aufbau: Magirus. Baujahr 1967. Das ZLF ist mit einer FP 16/8 ausgestattet. Es transportiert 4.500 l Schwerschaummittel. Das "Komet-Luftschaum-Rohr" – so die originale Typenschildbezeichnung – leistet bis zu 2.400 l/min. Das Fahrzeug ist innerhalb des Elf-Konzerns übernommen worden.

BtF Elf Bitumen: Schaumtankwagen. Fahrgestell: MAN 19.273 F, Aufbau: HLW Fahrzeugbau, Baujahr 1991. Früher Milch, heute Schaum. Die Herkunft dieses Schaumtankwagens ist äußerlich deutlich erkennbar. 7 m^3 Schwerschaum in drei Kammern werden mit diesem Fahrzeug, das seit Januar 2002 in Raffinerie Ostermoor steht, vorgehalten.

über 120 verschiedene Sorten dieses Syntheseproduktes aus Rohöl hergestellt, zu denen neben Standardprodukten auch Spezialitäten für besondere industrielle Anwendungen zählen. Schwerpunkte der Bitumenanwendung liegen im Straßenbau und bei Abdichtungen. Bitumen wird lose in heißflüssiger Phase mit Tankwagen, Bahnkesselwagen oder Spezialschiffen transportiert oder als verpackte Ware (Granulat, Folienblöcke und Trommeln) auf Lkw und Bahnwaggons verladen. Die Rohölversorgung des Werkes erfolgt per Schiff, wofür sich die Lage am Nord-Ostsee-Kanal idealerweise anbietet. Ein beträchtlicher Teil des Öls stammt dabei aus dem Bohrfeld Mittelplate vor der deutschen Westküste. Der Brandschutz in der Bitumen-Raffinerie wird durch umfangreiche stationäre Anlagen und eine nebenamtliche Betriebsfeuerwehr sichergestellt. Dieselmotorbetriebene Schaum-Wasserpumpen mit einer Leistung von bis zu 18.000 l/min, ortsfeste Schaummitteltanks mit bis 60.000 l Inhalt, Ringleitungen, Werfer und Berieselungsrohre zählen zur Standardausstattung solcher Chemieproduktionsstätten. Immerhin fünf Einsatzfahrzeuge werden von der Betriebsfeuerwehr besetzt. Es handelt sich ausschließlich um konzernintern übernommene Fahrzeuge, die vergleichsweise wenig Hightech-Ausstattung bieten. Ihre wesentliche Aufgabe besteht darin, die stationären Anlagen kurzfristig mit Pumpenkapazitäten und Schaummittel und/oder Trockenlöschmittel nebst der zugehörigen Armaturen und Schläuche schlagkräftig zu ergänzen.

Werkfeuerwehr BAYER

Die Werkfeuerwehr der Bayer AG ist mit 53 hauptamtlichen Kräften, 15 Fahrzeugen und 7 Abrollbehältern die größte im Industriegebiet von Brunsbüttel. Die 24-Stunden-Bereitschaft wird mit einer Stärke von 1/2/9 gefahren, wobei die fahrzeugtechnische Ausrüstung aus einem ELW 1 (1/1/0), einem ULF (0/1/5) und einem RTW (0/0/2) besteht. Als einzige Industriefeuerwehr in Norddeutschland ist Bayer seit 1977 in die TUIS-Organisation bis Stufe 3 eingebunden und stellt deshalb Know- how und Ausrüstung für Chemiehilfeleistungen in ganz Schleswig-Holstein und Mecklenburg-Vorpommern bereit. Zusätzlich wird ein RTW mit ca. 40 Einsätzen p.a. im öffentlichen Rettungsdienst eingesetzt. Im heimatlichen Werkbereich ist jeder Punkt innerhalb von fünf Minuten ab Alarmierung zu erreichen. Zu schützen sind Produktionsanlagen für Kunststoffvorprodukte (zur Herstellung von Hart- und Weichschäumen), Alterungsschutzmittel für die Gummiindustrie und organische Chemikalien (als Ausgangsstoffe für die Herstellung von Pflanzenschutzmitteln).

Am Standort Brunsbüttel verfolgt die Bayer AG ein Chemiepark-Konzept, in das die Werkfeuerwehr als Dienstleister voll eingebunden ist. Eine solche Standortstrategie ist auch in anderen Regionen Deutschlands zu beobachten. Große Firmen – hier eben die Bayer AG – trennen sich von Aktivitäten der Vorproduktion oder peripheren Bereichen, die nicht zu den Kernaufgaben eines Chemieunternehmens

WF Bayer: DL 30 mit Korb. Fahrgestell: Mercedes-Benz LF 1313, Aufbau: Metz, Baujahr 1974. Bei der Werkfeuerwehr wird dieses Fahrzeug als Nachrücker im 2. Abmarsch eingesetzt. Bis zur Beschaffung einer eigenen DLK durch die FF Brunsbüttel hatte die Bayer-DL im Rahmen nachbarschaftlicher Löschhilfe regelmäßig Einsätze außerhalb des Werkes zu fahren; deshalb gehört zur Ausstattung zusätzlich zum 2-m-Betriebsfunk auch ein 4-m-BOS-Funkgerät. Das Fahrzeug hat bisher in 28 Jahren rund 14.000 km zurückgelegt.

WF Bayer: TroSTLF 60/20/20/7,5. Fahrgestell: Mercedes-Benz 2636 A, Aufbau: Rosenbauer, Baujahr 1990, intern als Reserve-TLF bezeichnet. Es führt nicht nur die drei wichtigsten Löschmittel Wasser (2.000 l), (Mehrbereichs-) Schaummittel (2.000 l) und (BC-) Pulver (PLA 750 von Minimax) mit, sondern auch eine umfangreiche Ausstattung für technische Hilfeleistungen: Rotzler-Treibmatic 80 kN, Schere/Spreizer, Hebekissen, 20 kVA-Stromaggregat. Die Normaldruckpumpe leistet 6.000 l/min bei 10 bar; die Schaummittelpumpe 440 l/min bei 16 bar. Sie wird durch einen eigenen Hatz-Dieselmotor (29,5 kW) angetrieben.

WF Bayer: WLF mit AB-Monitoren. Fahrgestell: Mercedes-Benz 2635 6x4, Aufbau: Meiller, Baujahr 1989. Insgesamt drei WLF setzt die WF Bayer ein. An sich recht üppig für sieben Abrollbehälter. Es werden aber noch Logistikaufgaben innerhalb des Werksgeländes abgearbeitet. Hier das Fahrzeug ist mit dem AB-Monitor (von Meisner) abgebildet (Aufgabe: Gaswolkenbekämpfung in Verbindung mit dem Gelenklöscharm bzw. ULF). Da dieses Fahrzeug im Rahmen der TUIS-Stufe 3 mit dem AB-Chemie-Hilfs-System 1 oder 2 auch das Werksgelände verlässt, führt es auch ein BOS-4 m-Funkgerät mit. Es besitzt eine GGVS-Zulassung.

WF Bayer: RTW. Fahrgestell: Mercedes-Benz 310, Aufbau: Herrmann, Baujahr 1989. Dieser RTW wird als 2. Fahrzeug der sog. "Basis-Einheit" mit einer Stärke von 0/0/2 eingesetzt. Ein äußerlich gleiches Fahrzeug (Fahrgestell allerdings 307 D) wurde bereits 1984 geliefert. Die Lackierung in RAL 3024 wurde zum damaligen Zeitpunkt für notwendig erachtet, da die Bayer-RTW auf Anforderung am öffentlichen Rettungsdienst teilnehmen. Detail am Rand: retroreflektierende Streifenbeklebung – hier in blau – gab es früher auch schon!

gehören, wie z.B. die Logistik. Sie bemühen sich, solche Geschäftsfelder auf Gemeinschaftsunternehmen mit Partnern zu verlagern oder sie ganz an Dritte zu übertragen. Zur Parkkonzeption gehört es auch, vorhandene Industrieflächen für die Ansiedlung neuer Unternehmen anzubieten. Für diese Unternehmen kann es ökonomisch sinnvoll sein, die vorhandene Infrastruktur der Verkehrswege, der Versorgung und Entsorgung und eben auch des Brandschutzes als Dienstleistung in Anspruch zu nehmen. Auf Brunsbüttel bezogen heißt dies z.B. dass das Speditionsunternehmen Kruse ein Hochregellager angesiedelt hat. Die Rütgers Elbechemie hat von Bayer die H-Säure-Produktion erworben. Die Farbstoffproduktion ist in ein Jointventure mit Höchst und BASF eingebracht, die Firma DyStar – Weltmarktführer für Druckfarbstoffe. Die für eine Reihe von chemischen Produktionsprozessen notwendigen Vorprodukte Wasserstoff und Kohlenmonoxid werden auf dem Gelände des Chemieparks in einem neugebauten Steamreaktor von der Linde AG hergestellt. Und ganz aktuell wird im Jahre 2003 die Marina Biodiesel GmbH & Co KG in einer Anlage mit der Herstellung von Biodiesel aus Raps beginnen. Die Feuerwehren des Kreises Dithmarschen werden hier ab 2003 einen in der Herrichtung befindlichen Übungsplatz mit allen heute gängigen Trainingsmethoden nutzen können. Schon länger deckt die Bayer-Werkfeuerwehr den Brandschutz für die Nordsee Gas Terminal GmbH & Co KG ab. Zum 1.3.2002 hat das benachbarte HydroAgri Düngemittelwerk seine Werkfeuerwehr aufgelöst und die Aufgaben an Bayer übertragen. Im Gegenzug sind die sechs Feuerwehrkräfte zur Bayer AG gewechselt.

Werkfeuerwehr Kernkraftwerk Brunsbüttel

Sieben Jahre nahm die Bauzeit für das damals erste Atomkraftwerk in Schleswig-Holstein in Anspruch, bevor 1977 das Kernkraftwerk Brunsbüttel offiziell ans Netz ging, das heute von einer Tochtergesellschaft der Hamburgischen Elektrizitätswerke AG (HEW) und der E.ON Kernkraft GmbH betrieben wird. Dieser so genannte Siedewasserreaktor ist einer der älteren der 19 in Deutschland noch aktiven Atommeiler und gleichzeitig mit einer Generatorklemmenleistung von 806 MW der zweitkleinste. In der bisherigen Betriebszeit hat das Kraftwerk bis Ende 2001 mehr als 100 Terawattstunden Strom erzeugt, der zu einem großen Teil in Haushalte und Industrie in Hamburg fließt. Im Rahmen der Energiekonsensgespräche zwischen der deutschen Energiewirtschaft und der Bundesregierung ist für den Standort der Kernkraftwerk Bruns-

WF Kernkraftwerk Brunsbüttel: TLF 8/18. Fahrgestell: Mercedes-Benz 814 F, Aufbau: Ziegler, Baujahr 1992. Das TLF ist mit einer FP 16/8 ausgerüstet. Seit 1995 ist zusätzlich eine IFEX 3001 Hochdruck-Impuls-Löschanlage installiert. Die WF hat die Löschmittelbeladung mit tragbaren Geräten ergänzt: 2 x 10 l Lightwater, 2 x 12 kg Pulver, 2 x 6 kg CO_2.

WF Kernkraftwerk Brunsbüttel: RW. Fahrgestell: Mercedes-Benz 1117 F, Aufbau: Muranstad/Eigen, Baujahr 1985/1993. Als "Rüstwagen" bezeichnet die WF diesen selbst ausgebauten Gerätewagen. In dem ehemaligen "Schokoladenwagen" mit einem Kastenaufbau eines norwegischen Herstellers sind die für die Belange der technischen Hilfeleistung im Werksgelände notwendigen Geräte in Regalen und Auszügen verlastet. Der handbetätigte Lichtmast hinten rechts am Aufbau trägt zwei 1.500 W-Strahler.

büttel GmbH eine rechnerische Restlaufzeit bis zum Jahr 2008 vereinbart worden. Bestandteil der Betriebsgenehmigung für das Kernkraftwerk ist die Aufstellung und der Betrieb einer anerkannten Werkfeuerwehr, die auch für Rettungsdienstaufgaben zuständig ist. Von den rund 320 festen Mitarbeitern des Werkes müssen mindestens 100 brandschutztechnisch ausgebildet sein. Diese Aufgabe wird zu einem wesentlichen Teil von den drei hauptamtlichen Kräften der Werkfeuerwehr geleistet. Die WF ist besonders bei den jährlich stattfindenden Revisionen mit Brennelementwechsel gefordert. Zu dieser mehrwöchigen Spitzenzeit sind bis zu 1.400 Menschen auf dem Kraftwerksgelände tätig. Drei Fahrzeuge sind die Grundlage der technischen Ausstattung der Werkfeuerwehr. Während der RTW weitgehend dem üblichen Standard entspricht, sind der intern so bezeichnete "Rüstwagen" sowie das TLF 8/18 nach den spezifischen Belangen des Werkes ausgebaut und/oder beladen.

WF Kernkraftwerk Brunsbüttel: RTW. Fahrgestell: Mercedes-Benz 210, Aufbau: Miesen, Baujahr 1987. Der RTW des Kernkraftwerkes wird ausschließlich für Aufgaben im Werk vorgehalten.

Aussichten

Spannende Frage am Ende: Wird die Feuerwehrstruktur mit annähernd 80 hauptamtlichen Kräften in Brunsbüttel in zehn Jahren noch so aussehen wie heute? Grundlegende Anpassungen sind vorstellbar. Einerseits sollen die angestrebten Maßnahmen zur infrastrukturellen Stärkung der Industrieregion dazu führen, die Produktionsvolumina mindestens zu halten. Andererseits werden die Industrieunternehmen wohl unter dem Druck betriebswirtschaftlicher Aspekte zu weiter führenden Kooperation gelangen. Und was kommt nach dem Abschalten des Kernkraftwerkes?

Von der „Schapler-Leiter" zum „Hochretter"

Hubrettungsfahrzeuge bei der Berufsfeuerwehr Frankfurt a. M.

von Ralf Keine

Wohl kaum ein anderer Feuerwehrfahrzeugtyp hat eine so große Identifikation mit dem Wort "Feuerwehr" erreicht, wie die Hubrettungsfahrzeuge. Die Leiter in jeder Form ist eines der wichtigsten Utensilien der Feuerwehr. Sie ist Rettungs- und Angriffsweg. War hier früher nur die Leiter bekannt, versammelt sich heute unter dem Begriff Hubrettungsfahrzeuge eine ganze Palette genormter und ungenormter Fahrzeuge. Die Berufsfeuerwehr Frankfurt ist in außergewöhnlichem Maße an der Verbreiterung dieser Fahrzeugpalette beteiligt gewesen; seit ihrem Bestehen stellte sie immer wieder spektakuläre Neuentwicklungen in diesem Bereich vor.

Die gängige Definition für Hubrettungsfahrzeuge lautet heute: "Hubrettungsfahrzeuge sind für den Einsatz der Feuerwehr besonders gestaltete Kraftfahrzeuge, die über einen maschinell angetriebenen Hubrettungssatz verfügen." Um die gesamte Entwicklung aufzuzeigen, soll im Folgenden diese Definition aber einmal außer Betracht gelassen werden.

Kurz nach Gründung der Berufsfeuerwehr in Frankfurt ist dieses wichtige Ausrüstungsstück noch wenig entwickelt. Tragbare Anstell-, Schieb- und Hakenleitern mit ihren begrenzten Höhen sind immer noch das Mittel der Wahl. Größere Feuerwehren haben bereits "Große Schiebleitern", die mit einer Achse sowie zwei großen Speichenrädern ausgerüstet von Hand oder pferde-gezogen zur Brandstelle gebracht werden. Und einige Firmen wie Braun, Hoenig und Magirus bieten auch schon Leitern auf vierachsigen Fahrgestellen für Pferdezug an. Mit allen diesen Konstruktionen ist es aber nicht möglich,

Schapler-Leiter für Pferdezug, hier bereits nach Umrüstung auf Kohlensäurebetrieb, erkennbar an den mitgeführten Druckbehältern

eine Häuserfront parallel anzufahren und nur den Leiterpark zum Haus hin zu drehen – in den engen Gassen der Altstädte ein echtes Problem!

In den 70er Jahren des 19. Jahrhunderts waren zwar in Köln und Nürnberg schon drehbare Leitern vorgestellt worden, diese mussten aber zuerst aufgerichtet, dann gedreht und schließlich ausgezogen werden, z.T. mit Stützstangen abgestützt werden; alles von Muskelkraft. Diese Aktionen waren kräftezehrend und zeitaufwändig und in einer engen Gasse, vielleicht auch noch im Trümmerschatten eines brennenden Gebäudes, auch gefährlich für die Bedienmannschaft.

1884 lieferte Magirus der Frankfurter Feuerwehr eine 20 Meter hohe Leiter, die noch von Hand gezogen und aufgerichtet wurde. Doch im Gedanken war man der Zeit voraus. 1882 schon hatte der Frankfurter Branddirektor Aßmann das deutsche Patent Nr. 17182 auf eine "Maschinenleiter für das Feuerlöschwesen" erhalten. Der Schutzanspruch betraf eine dreiteilige Schiebleiter auf Zweiachswagen mit Aufrichtrahmen und Seiteneinstellung durch eine waagerechte Schraubspindel. In der Praxis konnte sich Aßmanns Patent aber wohl nicht durchsetzen.

Die "Schapler-Leiter"

Richard Schapler, seit 1890 Branddirektor der Frankfurter Feuerwehr, war ebenso wie sein Berliner Kollege Witte ein Wegbereiter der Drehleiter. Schapler wollte insbesondere die Rüstzeit der Leiter, also die Zeit vom Eintreffen bis zum Abschluss des Anleitervorganges, verkürzen und der Mannschaft die kräftezehrende Arbeit, besonders beim Ausziehen, erleichtern.

Wohl inspiriert von der seit 1877 patentierten "Coulissen-Drehleiter" von Hoenig (Köln), bei der die Schiebleiter auf einem Drehturm gelagert war, ging Schapler ans Konstruieren. Er übernahm den Drehturm, der der Hoenig-Leiter zueigen ist. Die geländerlose Leiter selbst war fünfteilig; die Leiterteile waren auf nahtlose, kalibrierte Präzisions-Stahlrohre aufmontiert, die teleskopartig ineinander geschoben waren. Die Röhren waren gegeneinander mit Stopfbuchsen abgedichtet, das oberste Röhrenteil war geschlossen. Wurden die Röhren nun mit Pressluft beaufschlagt, schoss die Leiter aus. Als Vorratsbehälter für die Pressluft diente der Leiterturm, dessen Druckbehälter mit 11 atü (bar) gefüllt war. Das Aufrichten der Leiter erfolgte mittels einer Handwinde.

Unterstützt wurde Schapler bei der Konstruktion von Direktor Polster von der Lausitzer Maschinenfabrik, vorm. J.F. Petzold in Bautzen. Am 22. Oktober 1892 wurde die Drehleiter "System Schapler-Polster" (später allgemein nur noch als "Schapler-Leiter" bezeichnet) unter der Nr. 72757 patentiert. Das Gewicht des Fahrzeuges betrug etwa 3000 kg, die Steighöhe der Leiter etwa 25 Meter. Das Drehen der Leiter war auf 45° beschränkt. Während des 14. Deutschen Feuerwehrtages 1893 in München wurde die Leiter erstmals dem Fachpublikum vorgestellt.

Als Manko erwiesen sich bei der neuen Technik bald Undichtigkeiten und Luftverluste. Ein Aufpumpen des Luftkessels auf 11 atü (ausreichend für drei Ausschubvorgänge) nahm auf der Feuerwache mehrere Stunden in Anspruch. Bei der Fahrt über Kopfsteinpflaster und Holperstraßen ging dann immer wieder Luft verloren. Hämische Zeitgenossen behaupteten, nach jedem Einsatz könne man die Feuerwehrmänner beim Luftpumpen beobachten.

Schapler ließ sich nicht beirren und ging an die Konstruktion eines verbesserten Typs der Leiter, die von der Stahlbaufirma J.S. Fries-Sohn in Sachsenhausen (heute Stadtteil von Frankfurt) gebaut wurde. Nun war nicht mehr der gesamte Turm, sondern nur noch der obere Teil, die "Kugelhaube" drehbar. Außerdem konnte nun der Leiterpark bis zu einem bestimmten Winkel mittels Pressluft aufgerichtet werden.

Ihre Feuertaufe bestand die Schapler-Leiter im Februar 1897 beim Großbrand des Kaufhauses Wronker an der Frankfurter Zeil, bei dem die Feuerwehr viele Menschen vor dem Feuertod retten konnte. Ein Zeitgenosse äußerte sich in der März-Ausgabe der Zeitschrift "Feuer und Wasser" begeistert über dieses "modernste aller Rettungsgeräte aus Feuersgefahr":

"Wer die pneumatische Leiter bei diesem Brande in Tätigkeit gesehen hat, wie es nur der Drehung eines Ventils bedurfte, um die Leiter in wenigen Sekunden in die schwindelnde Höhe eines 6. Stockwerkes schiessen zu sehen, als Brücke zur Erde für die sonst dem Tode Geweihten, der hat nur noch ein mitleidiges Achselzucken für jene Maschinen, bei welchen mühsames Kurbeldrehen von mehreren Leuten erforderlich ist, um langsam der Leiter die erforderliche Länge zu geben."

Auf dem 15. Deutschen Feuerwehrtag 1898 in Charlottenburg stellte Schapler seine Leiter aus. In weiter verbesserter Ausführung zeigte er dieselbe Drehleiter auch beim Internationalen Feuerwehrkongress 1900 in Paris. Hier errang er dafür sogar eine Goldmedaille, und das Wort von der "Frankfurter Luftrakete" machte die Runde bei den europäischen Feuerwehren. Größter Pluspunkt der Schapler-Leiter war zweifelsohne ihre Schnelligkeit: Aufrichten und vollständiges Ausziehen auf 25 m hat nur etwa eineinhalb bis zwei Minuten gedauert.

Trotz ihres hohen Preises von rund 9 000 Mark löste die Schapler-Leiter bei vielen großen Feuerwehren die Hoenig-Leiter ab. Frankfurt selbst stellte fünf dieser Geräte in Dienst. Teils auf Pferdefuhrwerken, teils auf automobilen Fahrgestellen gingen weitere Schapler-Leitern nach Charlottenburg, Stuttgart, München, Aachen, Berlin, Hannover, Königsberg, Wien, Breslau, Posen und Stockholm. Allein die Berliner Feuerwehr stellte neun Leitern dieses Typs in Dienst. Einen Fortschritt bedeutete der Übergang zu Kohlensäure, die in Flaschen mitgeführt wurde, so dass der anfällige Turm entfiel. Eine weitere Verbesserung stellte der Einbau eines Treibrollen-Flaschenzuges dar, mit dem die Leiter nun bei jedem beliebigen Aufrichtwinkel eingezogen werden konnte, ohne dass sie zuvor vollständig aufgerichtet werden musste.

Ein voll funktionsfähiges Modell einer pferdegezogenen Schapler-Leiter, das von Lehrlingen der Firma J.S. Fries-Sohn gebaut wurde, existiert heute noch im Historischen Museum Frankfurt (HMF), wird dort aber leider nicht ausgestellt.

Schänkers wasserhydraulische Drehleiter war genial erdacht, aber störanfällig und konnte nicht an die Erfolge der Schapler-Leiter anknüpfen

Johannes Schänker und der wasserhydraulische Antrieb

Schaplers Nachfolger wurde 1906 Johannes Schänker, der sich nicht zuletzt durch die Einführung von Benzinmotoren, Kreiselpumpen und Leichtmetallen bei der Feuerwehr einen Namen machte. Der studierte Maschinenbauer machte sich aber auch Gedanken über die Weiterentwicklung der Drehleitern. Zunächst betrieb Schänker jedoch die Schapler-Leitern weiter. Einige davon blieben bis 1930 in Dienst und wurden, zu Anhängern umgebaut, hinter den Automobilspritzen hergezogen. Im April 1910 erhielt die Frankfurter Feuerwehr eine Magirus-Drehleiter mit Radnabenmotoren.

1912 erhielt Anton Gentil aus Aschaffenburg in der Nähe von Frankfurt ein Patent für eine "fahrbare, durch Druckwasser ausschiebbare Feuerwehrleiter". Diese hatte auf den ersten Blick Ähnlichkeit mit den Leitern von Hoenig und Schapler, da der Leiterpark wieder auf einem turmartigen Kessel drehbar gelagert war. Der Kessel diente nun als Wasserbehälter, von dem aus Wasser einer Pumpe zugeleitet wurde. Die Pumpe drückte nun das Wasser den Kolben zu, die den Leiterpark bewegten.

Ob Johannes Schänker selbst auf die Idee kam oder ob er durch das Patent von Gentil inspiriert wurde, ist unbekannt. Schänker hatte jedenfalls schon erfolgreich mit Benzinmotoren und von ihnen angetriebenen Kreiselpumpen experimentiert. So lag der Gedanke nahe, Kreiselpumpen auch in Automobil-Drehleitern einzubauen und das Druckwasser für die hydraulische Betätigung der Leiter zu nutzen.

1912 wurde in der Werkstatt der Feuerwehr ein Musterfahrzeug gebaut und im Dezember des Jahres in Dienst gestellt. Auf dem hinteren Teil des Fahrgestells wurde eine mechanische Drehleiter von 22 m Höhe aufgebaut. Der Drehturm der Leiter nahm einen Wasserbehälter auf, durch den die Leiter auch ohne Anschluss an eine Versorgungsleitung in Betrieb genommen werden konnte. Das Fahrzeug bewährte sich so gut, dass die Adlerwerke, vorm. Heinrich

Magirus-Niederrahmen-Autoleiter Typ MLOL mit Heckpumpe. Dieses für seine Zeit technische Spitzenerzeugnis wurde im August 1928 in Dienst gestellt

Kleyer AG, in Frankfurt ab 1913 noch zwei weitere Fahrzeuge nach diesem Prinzip für die Frankfurter Feuerwehr bauten.

Im Gegensatz zur Schapler-Leiter war der wasserhydraulischen Leiter aber kein großer Erfolg beschieden; sie kam nicht über die Stadtgrenzen Frankfurts hinaus. Letztlich dürften Abdichtungs-, vielleicht auch Korrosionsprobleme zur Einstellung geführt haben.

Nun wurden in Frankfurt erst einmal Konstruktion von Drehleitern und Experimente damit eingestellt. Die Firma Magirus in Ulm, die mittlerweile zu den führenden Herstellern von Leitern gehörte, wurde Hauslieferant der Frankfurter (und ist es bis zum heutigen Tag).

Erste "moderne" Drehleitern

Am 3. August 1928 stellten die Frankfurter eine Magirus Niederrahmen-Autodrehleiter (Typ MLOL) mit einer Steighöhe von 26 Metern in Dienst – die erste technisch ausgereifte Drehleiter im heutigen Sinne der Frankfurter Wehr. Das Fahrzeug war mit Vollgummi bereift und die Mannschaft saß noch gegen die Fahrtrichtung im offenen Fahrstand. Die Leiter selbst bestand aus Holz, die Umgurtung aus Stahl. Alle Bewegungen der Leiter wurden vom Fahrmotor angetrieben und bereits von einem Punkt aus über eine Drei-Hebel-Steuerung betätigt. Eine mächtige Pumpe erweiterte die Einsatzmöglichkeiten dieses Fahrzeuges noch.

Auch wenn die Technik dieses Fahrzeuges damals hochmodern war, muss man sich vor Augen halten, dass der Drehleitereinsatz zur damaligen Zeit noch mit einem hohen Risiko behaftet war und erfahrene Maschinisten erforderte. Es waren noch keine Stützspindeln vorhanden, auch ein jeglicher Überlastschutz, der etwa die Leiter beim Erreichen der Kippgrenze abschalten konnte, war noch nicht vorhanden. Letztendlich waren die Bewegungen der mechanisch angetriebenen Leiter oft auch noch äußerst ruppig. Aus jener Zeit gibt es eine Fülle von Berichten über Leiterunfälle, bei denen Leitern während des Einsatzes umstürzten oder Leiterteile abknickten. Hierbei waren oft Opfer zu beklagen. Es mag den damaligen Frankfurter Maschinisten zur Ehre gereichen, dass aus diesem Bereich keine größeren Unfälle bekannt sind.

Dreißiger Jahre, Weltkrieg, schwieriger Neubeginn

Zumindest in einem Falle wurde aber 1930 auch eine Drehleiter von Metz beschafft. Es handelte sich hierbei um eine 26 m-Drehleiter, die Bestandteil des berühmten "Silberling-Zuges" der Feuerwache Burgstraße war. Es handelte sich hier um einen unlackierten, silberfarbenen Zug mit Schlauchwagen, Pulver-/Wasser-Löschfahrzeug und Drehleiter, bei dem Schänker mit Leichtmetallen wie "Silumin" experimentierte. Dies war auch bei der Leiter der Fall gewesen: Die Leiter selbst bestand zwar aus Holz, die Schienenführungen und die Obergurte aber aus Leichtmetall. Die Ober- und Untergurte konnten auf Zug und Druck belastet und die Leiter damit erstmals als Brücke eingesetzt werden.

Dieses Fahrzeug blieb die einzige Metz-Leiter bei der Feuerwehr Frankfurt. Definitiv falsch ist eine Erwähnung in der Literatur, nach der die Frankfurter Feuerwehr in den 30er Jahren eine 44 m-Leiter von Metz erhalten haben soll.

Mitte der 30er Jahre wurden die ersten Ganzstahl-Leitern in Dienst gestellt. Diese Fahrzeuge vom Typ Magirus M 45 L waren in mehrerer Hinsicht ungewöhnlich. Sie hatten eine Länge von zehn Metern; während nach vorn der Leiterpark und eine Vorbaupumpe mit einer Leistung von 1500 l/min weit über die ohnehin schon lange Motorhaube hinausragten, war der Drehtisch direkt hinter der Hinterachse "abgeschnitten". Eine fahrbare Schlauchhaspel war hier noch angehängt. Der Leiterpark mit dem Leiterstuhl war so weit vorn angeordnet, dass beim Drehen der Leiter nach hinten das Führerhaus bzw. der Mannschaftsraum im Wege war. Der hintere Teil des Mannschaftsraumes war daher in der Mitte geteilt und mit Scharnieren so befestigt, dass er bei Bedarf nach rechts und links weggeschwenkt werden konnte. Diese Fahrzeuge blieben auch nach dem 2. Weltkrieg, noch bis weit in die 50er Jahre hinein, im Einsatzdienst der Frankfurter Feuerwehr.

Bei allem Fortschritt bei den Fahrzeugen der Berufsfeuerwehr muss man aber auch sehen, dass bei den Freiwilligen Feuerwehren im Stadtgebiet noch viel veraltete Technik zu finden war. So weist der Jahresbericht 1937 für die Freiwilligen Feuerwehren zwar immerhin eine Kraftfahrdrehleiter, aber auch eine Drehleiter für Pferdezug und 13 Drehleitern für Handzug auf.

Auch bei der Berufsfeuerwehr wurden die älteren Leiterfahrzeuge nicht zum alten Eisen gestellt. Wiederum im Jahresbericht 1937 ist vermerkt, dass ältere Leitern mit Vierrad-Bremsen ausgestattet und die "Elastit"-Bereifung (Vollgummi) gegen Luftbereifung ausgetauscht wurden. Der Jahresbericht 1938 weist bei der Berufsfeuerwehr neun Kraftfahrdrehleitern und eine Anhängeleiter nach; bei der Freiwilligen Feuerwehr erhöhte sich der Bestand um eine Kraftfahrdrehleiter. Diese Zahl veränderte sich bis zum Ausbruch des Krieges nicht mehr.

Nach dem Krieg lag in Frankfurt, wie in vielen anderen Großstädten, der Brandschutz zunächst völlig am Boden. Von den elf Kraftfahrleitern konnten nur fünf gerettet werden. Sie wurden zunächst provisorisch betriebsbereit gemacht und nach Einrichtung einer Kraftfahrzeugwerkstatt unter schwierigsten

Magirus M 45 L Kraftfahrdrehleiter bei einer Übung im Hof der Feuerwache Burgstraße. Zum vollständigen Drehen der Leiter konnte das Hinterteil der Fahrerkabine nach zwei Seiten weggeklappt werden

Umständen instand gesetzt. Für viele Jahre war nicht an eine Neubeschaffung der teuren Drehleitern zu denken; die Vorkriegsmodelle wurden mühsam erhalten.

Erst Ende der fünfziger Jahre konnten neue Drehleitern beschafft werden. Mehrere hochmoderne DL 30 auf den legendären Magirus Rundhauber-Fahrgestellen, darunter erstmals eine vollhydraulisch betätigte Leiter, wurden in Dienst gestellt.

Sechziger Jahre – die "Ära Achilles" beginnt

Im Mai 1963 wechselte ein junger Brandrat von der Dortmunder Feuerwehr nach Frankfurt: Ernst Achilles. Seine Amtszeit, die als "Ära Achilles" in die Feuerwehrgeschichte eingehen sollte, brachte eine umfassende Modernisierung der Frankfurter Feuerwehr, gerade auch im Bereich der Hubrettungsfahrzeuge.

Im Jahr 1963 wurde in Frankfurt auch die erste DL 30 h (h = hydraulisch) auf Magirus Eckhauber-Fahrgestell vom Typ F Mercur 125 D in Dienst gestellt. Sie war die erste Drehleiter, die nun die später typische Rot-Weiß-Lackierung trug. Achilles hatte diese neue Art der Lackierung von der Dortmunder Feuerwehr mitgebracht, die diese schon zuvor eingeführt hatte. Fälschlicherweise wurde sie später als "Frankfurter Lackierung" bezeichnet. Die älteren Rundhauber-Drehleitern erhielten später nachträglich die neue, auffällige Lackierung.

In den 60er Jahren wuchsen in Frankfurt die Hochhäuser in ihrer Zahl und in ihrer Höhe. Wenn auch im Vergleich zu den heutigen Frankfurter Wolkenkratzern mit Höhen bis zu 300 Metern die

Eine einzige Drehleiter DL 30 wurde als „Eckhauber" geliefert, dann lösten nach und nach die Leiterbühnen die Drehleitern ab

Schienengebundene Magirus-Drehleiter mit Elektroantrieb auf dem Dach des Hotels Interconti. Das „Fahrzeug" wird im Bedarfsfall von der Berufsfeuerwehr bedient

damaligen Hochhäuser nur bescheidene Ausmaße hatten, stellten sie doch die Feuerwehr vor eine ganze Reihe neuer Probleme. Man hatte in Deutschland noch keine Erfahrung mit solchen Bauten sammeln können. Von heutigen Bauvorschriften und Auflagen durch den vorbeugenden Brandschutz war man noch sehr weit entfernt. Das gab schon 1962 dazu Anlass, beim Magistrat die Finanzmittel zur Beschaffung einer 50 m-Leiter zu beantragen. Der Kostenvoranschlag sah hierfür 195.000 DM vor. Die Stadt gewährte die Mittel und erteilte der Firma Magirus den Auftrag zum Bau des Fahrzeuges. 1964 wurde dann die größte Drehleiter Deutschlands in Dienst gestellt. Das wuchtige Fahrzeug vom Typ F 200 D 19 mit einem Gesamtgewicht von 19 t wurde von einem 200 PS starken Dieselmotor angetrieben, der eine Höchstgeschwindigkeit von 80 km/h ermöglichte. Alle Leiterbewegungen waren bereits vollhydraulisch zu betätigen, lediglich die Stützspindeln mussten noch von Hand betätigt werden. Auf den oberen Gurten der Leiter lief ein in Fahrtstellung zusammengeklappter Korb, der als Aufzug genutzt werden konnte. Der stabile Leiterpark konnte außerdem als Kran maximal 2 t heben.

Der hohe Schwerpunkt wurde dem Fahrzeug schließlich zum Verhängnis: Im März 1976 stürzte es auf einer Einsatzfahrt in einer Kurve um.

Es wurde keine Leiter gleicher Höhe mehr beschafft. Zum einen hatte man beim Brand des

Die DL 30 auf Magirus Rundhauber-Fahrgestellen waren die ersten Drehleiter-Neubeschaffungen nach dem Krieg. Sie wurden erst später mit der typischen Rot-Weiß-Lackierung versehen. Hier ein Fahrzeug im Einsatz bei einem Dachstuhlbrand am Hauptbahnhof

Frankfurter Selmi-Hochhauses im Jahr 1973 erkennen müssen, dass auch eine 50 m-Leiter keine Wunderwaffe gegen Hochhausbrände ist, zum anderen nahmen bereits Hochhausrichtlinien und Auflagen wie bauliche Rettungswege Formen an.

Im selben Jahr wie die höchste wurde in Frankfurt auch die kleinste Drehleiter in Dienst gestellt. Eine von Magirus auf einen VW 26 aufgebaute 10-Meter-Leiter wurde überwiegend im Bereich der Fernmeldewerkstatt eingesetzt. Das zunächst völlig rot lackierte Fahrzeuge wurde nachträglich mit einer Rot-Weiß-Lackierung und (gelben) Rundum-Kennleuchten versehen.

Auch die wohl ungewöhnlichste Drehleiter der Welt kam in den sechziger Jahren nach Frankfurt und wartet hier bis zum heutigen Tage auf ihren Einsatz.

Die größte je in Deutschland verwendete Drehleiter. Die DL 50 von Magirus verfügte über einen Fahrkorb, der in Fahrstellung zusammengeklappt auf dem Leiterpark lag

Die kleinste Drehleiter der Frankfurter Feuerwehr. Die DL 10 wurde von Magirus auf ein VW 26-Fahrgestell aufgebaut. Später erhielt das Fahrzeug eine Rot-Weiß-Lackierung und gelbe Rundumleuchten

Die Magirus DL 30 mit Elektroantrieb gehört zwar nicht der Berufsfeuerwehr, wird aber im Bedarfsfall von ihr eingesetzt. Sie befindet sich in einer Art Garage auf dem Dach eines Vorbaues am Interconti-Hotel im Frankfurter Bahnhofsviertel. Im Einsatzfall fährt sie per Elektromotor auf Schienen an die Rückseite des Hauptgebäudes, das von dieser Seite aus nicht mit Fahrzeugen angefahren werden kann.

Bestand bis zu den 60er Jahren die Gruppe der Hubrettungsfahrzeuge (der Begriff war noch gar nicht geprägt) nur aus Drehleitern, die sich vorwiegend nur in ihrer Steighöhe unterschieden, brachte nun eine Serie von Neu- und Weiterentwicklungen eine Palette unterschiedlicher Fahrzeuge heraus. In vielen Punkten war die Frankfurter Feuerwehr wieder ein Schrittmacher der Entwicklung.

Gelenkbühnen GB

Im September 1958 hatte die Berufsfeuerwehr Chicago (USA) ihr erstes Gelenkmastfahrzeug mit fest montiertem Arbeits- und Rettungskorb erhalten. Es war ein Gittermast-Ungetüm mit 21 m Höhe. Das Fahrzeug bewährte sich aber so hervorragend, konnte es doch z.B. über Vorbauten von Gebäuden hinweg schwenken und Punkte erreichen, die für Drehleitern unerreichbar waren. Schnell trat der neue Fahrzeugtyp seinen Siegeszug durch die USA an, auch einige europäische Feuerwehren, z.B. in Skandinavien und in Großbritannien, freundeten sich schnell mit dem neuen Gerät an.

Die deutschen Feuerwehren jedoch standen (und stehen!) dem Gelenkmast skeptisch gegenüber. Es war die Frankfurter Feuerwehr, die auf diesem Gebiet vorstieß. Bereits 1962 testete sie einen Gelenkmast der Firma Simon auf Scania-Fahrgestell. Die Ergebnisse waren weitestgehend positiv, jedoch stellte man einen umfangreichen Katalog mit Verbesserungswünschen auf. 1967 stellte man als zweite deutsche Feuerwehr (nach Stuttgart) eine Gelenkbühne in Dienst.

Der Gelenkmast der Firma Simon war auf ein zweiachsiges Magirus-Fahrgestell vom Typ F 200 D 16 aufgebaut. Anschaffungspreis war 280.000 Mark. Der Rettungskorb, der mit 370 kg belastbar war, konnte eine Höhe von 25 Metern erreichen. Fest eingebaut war ein Generator mit einer Leistung von 16,5 kVA. Er speiste u.a. die sechs je 1500 Watt starken Flutlichtscheinwerfer und die Steckdosen am Rettungskorb. Am Korb war außerdem ein Wasserwerfer mit einer Leistung von 1200 l/min installiert, der über eine fest eingebaute Leitung gespeist wurde. Ein Hilfsmotor sorgte bei Ausfall des Fahrzeugmotors für die weitere Funktion der hydraulischen Bewegungen. Wie auch der DL 50 wurde dem

Das sehr wuchtig wirkende Fahrzeug war das zweite seiner Art (nach Stuttgart) in Deutschland: Gelenkmast der Firma Simon auf Magirus F 200 D 16

1970 und 1972 wurden zwei weitere Gelenkbühnen beschafft. Diesmal von Nummela auf Magirus Frontlenker-Fahrgestellen

Völlig untypisch für Frankfurt ist die Verwendung eines Hanomag-Fahrgestells. 1972 wurde auf einem F 45 eine GB 10 beschafft, die hauptsächlich von der Fernmeldewerkstatt genutzt wurde, aber auch für den Einsatzfall mit einer Sondersignalanlage ausgestattet war

Gelenkmast seine starke Kopflastigkeit zum Verhängnis: Er stürzte 1976 auf einer Einsatzfahrt um und wurde anschließend außer Dienst gestellt.

Zwei weitere Gelenkmasten gleichen Kalibers wurden 1970 und 1972 beschafft. Diesmal baute die Firma Nummela auf Magirus-Frontlenkerfahrgestelle auf. Die beiden Fahrzeuge unterschieden sich äußerlich in einem Punkt: Bei dem 1970 gelieferten Fahrzeug war die Fahrerkabine mit herkömmlichen Drehtüren ausgestattet, beim anderen verwendete man Baumgartner-Schiebetüren, wie sie zuvor von Müllwagen bekannt waren. Auch diese Gelenkbühne erreichte eine Höhe von 25 Metern. Obwohl der Mast wesentlich schlanker war, betrug die Korblast immerhin auch 360 kg. Der Nummela-Mast verfügte ebenfalls über Einrichtungen wie Generator, Flutlichtscheinwerfer und Wenderohr. Zusätzlich war noch eine kombinierte Hochdruck-/Normaldruck-Pumpe eingebaut, die eine Leistung von 1600 l/min bei 8 bar oder 200 l/min bei 40 bar erreichte.

Anfang der achtziger Jahre wurden auch diese beiden Gelenkmasten ohne Ersatzbeschaffung außer Dienst gestellt. Teile eines Nummela-Mastes "leben" jedoch weiter. Die Freiwillige Feuerwehr Weiler im Allgäu baute sich zu dieser Zeit einen gebrauchten

Die zweite Klein-Gelenkbühne wurde auch schon mal für Sonderaufgaben, so wie hier als Plattform für Filmaufnahmen, eingesetzt

Eine normgemäße DLK 23-12 mit Staffelkabine lief noch unter der alten Bezeichnug „DL 30" als Reservefahrzeug der Feuerwache 7. Baujahr 1979

zivilen Gelenkmasten zum Feuerwehrfahrzeug um. Vom Frankfurter Mast übernahm man das Wassergestänge (fest am Mast installierte Leitung zum Speisen des Wenderohres) und montierte es an dem Eigenbau.

Und noch eine weitere Gelenkbühne fand 1970 ihren Weg nach Frankfurt: Auf einem für Frankfurt unüblichen Hanomag-Fahrgestell vom Typ F 45 beschaffte man eine 10 Meter-Bühne. Diese ersetzte die bereits erwähnte DL 10 auf VW 26 und wurde überwiegend im Fernmeldebereich eingesetzt. Um auch für den Einsatzdienst nutzbar zu sein, wurde die GB 10 auch mit einer Sondersignalanlage ausgestattet. Ob das Fahrzeug aber wirklich jemals zur Brandbekämpfung oder zur Hilfeleistung eingesetzt wurde, ist dem Verfasser unbekannt.

Eine weitere normgemäße DLK 23-12, jedoch schon mit Truppkabine lief ebenfalls als „DL 30" als Ausbildungs- und Reservefahrzeug. Baujahr 1979, Indienststellung 1981

Diese Mini-Gelenkbühne wurde 1984 durch eine Kombination von Werkstattwagen und Gelenkbühne ersetzt. Die Ruthmann-Bühne mit einer Arbeitshöhe von 11,40 m war auf einen Mercedes-Benz Kastenwagen vom Typ 609 D aufgesetzt. Auch dieses Fahrzeug war mit Sondersignal ausgerüstet, um vom Einsatzdienst herangezogen werden zu können.

Leiterbühnen LB

Die Möglichkeiten, die die Arbeits- und Rettungskörbe bei Menschenrettung, Brandbekämpfung und Hilfeleistungen eröffneten, brachten den Wunsch, auch die Einsatzmöglichkeiten der Drehleitern zu verbessern. Magirus entwickelte in Zusammenarbeit mit

Die erste Leiterbühne verknüpfte mit dem Rettungs- und Arbeitskorb die Vorteile von Drehleiter und Gelenkbühne

Leiterbühne LB 30 der ersten Generation bei einem Brandeinsatz in Tätigkeit

Die zweite Generation der LB 30 hatte ein Frontlenkerfahrgestell und Rolladenverschlüsse; sonst kaum Unterschiede zur 1. Generation

der BF Frankfurt eine Drehleiter mit fest an der Leiterspitze montiertem Arbeits-und Rettungskorb. Ähnlich wie die Körbe der Gelenkbühnen war auch der Korb der "Leiterbühne" mit Flutlichtscheinwerfern, Wenderohr, Steckdosen und Wechselsprechanlage ausgerüstet. Am Leiterstuhl war ein Generator zur Speisung der Scheinwerfer und Steckdosen angebaut.

1968 stellte die BF Frankfurt das erste dieser Fahrzeuge in Dienst; aufgebaut auf einem Magirus F 200 D 16-Fahrgestell. Die zweite Generation der LB 30 wurde auf Frontlenker-Fahrgestelle aufgebaut, unterschied sich aber sonst wenig von der ersten Generation. Lediglich ein Fahrzeug hatte in seinem Aufbau eine vom Fahrzeugmotor angetriebene Feuerlöschkreiselpumpe FP 16/8 als "Mittenpumpe" eingebaut.

Da es sich bei diesen Fahrzeugen im Prinzip immer noch um normale Drehleitern handelte, war man mit dem Arbeitsbereich nicht zufrieden; der schwere Korb an der Leiterspitze brachte Einbußen. Dies führte zur Entwicklung der Leiterbühne vom Typ LB 30/5 mit fünfteiligem Leiterpark. Durch den wesentlich steiferen und damit tragfähigeren Leiterpark sowie durch die Einführung der Waagerecht-Senkrecht-Abstützung konnte eine Korblast von 360 kg (4 Personen) und ein wesentlich größerer Arbeitsbereich, der jetzt sogar jede Drehleiter übertrumpfte, erreicht werden.

Dieser Leitertyp wurde nun zum Standard-Hubrettungsfahrzeug der Frankfurter Feuerwehr. Das Ende der Entwicklung stellt die auf der "Interschutz 88" vorgestellte LB 30/5 CC auf Iveco Magirus 360-30 AH dar, die nun über eine computergestützte Bedienung und eine "Vario"-Abstützung verfügte, bei der nun jede Stütze einzeln bewegt werden konnte. Dieses Fahrzeug steht bei der Frankfurter Feuerwehr noch heute als Reserve im Dienst.

Allerlei Drehleitern

Neben den Leiterbühnen wurden in Frankfurt aber auch weiterhin Drehleitern beschafft. 1979 lieferte Magirus ein normgemäßes Standardfahrzeug vom Typ DLK 23-12. Dieses ganz in RAL 3000 (feuerrot) lackierte Fahrzeug nahm sich fast wie ein Exote im Frankfurter Fahrzeugpark aus. Diese Leiter konnte günstig beschafft werden (vermutlich ein Vorführfahrzeug) und diente hauptsächlich zu Aus-

Leiterbühne und Gelenkbühne im Vergleich. Deutlich sichtbar: Die Gelenkbühne kann Punkte anfahren, die für die Leiter unerreichbar bleiben

bildungszwecken bei Maschinistenlehrgängen, der Fahrschule und bei Grundlehrgängen. In Notfällen fuhr das Fahrzeug aber auch als technische Reserve in den Löschzügen.

Ein weiterer "Exot" wurde 1979 in Form einer ebenfalls normgerechten, aber noch mit Staffelkabine ausgestatteten DLK 23-12 in Dienst gestellt. Das Fahrzeug war nur für kurze Zeit an Feuerwache 7 (Nordweststadt) in Dienst.

Ab 1981 lieferte Magirus insgesamt vier DLK 23-12 n.B. (= niedrige Bauart) an die Frankfurter Wehr. Die auch unter dem Namen "Münchner Leiter" bekannt gewordene DLK stellte etwas völlig neuartiges dar, war es doch gelungen, die Bauhöhe des Fahrzeuges auf 2,85 m zu senken. Hierdurch ergab sich ein günstigeres Fahrverhalten und eine höhere Beweglichkeit bei niedrigen Tordurchfahrten. Dies hatte die Firma Magirus dadurch erreicht, dass sie die Fahrerkabine vor die Vorderachse gehängt und den Fahrzeugmotor hinter die Vorderachse gebracht hatte. Die liebevoll als "Dackel" bezeichneten Fahrzeuge vom Typ Magirus F 256 M 12, bzw. Iveco 120.25 A waren bei den Maschinisten sehr beliebt, waren sie doch sehr spurtstark und zeigten ein fast PKW-ähnliches Fahrverhalten.

Nach Außerdienststellung zweier Mercedes Benz 300 GD, die jeweils einen großen Sprungretter der Firma Esser mitführten, wurden 1987 die DLK 23-12 n.B. so umgebaut, dass sie den Sprungretter mitführen konnten. Die beiden Lüfter wurden hinter der Fahrerkabine, der Sprungretter selbst in einer modifizierten Fahrhaspel am Heck untergebracht.

1993 erfolgte ein weiterer, kleinerer Umbau. Hiernach konnte der Rettungskorb per Knopfdruck vom Fahrerplatz aus quasi in Betriebsstellung abgesenkt werden. Hierdurch wurde die Fahrzeuglänge um etwa einen Meter verkürzt, was häufig in engen Kurven hilfreich war.

1995 wurde die erste der DLK 12-12 n.B. außer Dienst gestellt. Das auf der Feuerwache 2 (Bornheim) stationierte Fahrzeug wurde von einem in vieler Hinsicht neuen Typ ersetzt.

Die DLK 23-12 Vario CC war von Magirus auf einem Fahrgestell vom Typ Mercedes Benz 1124 F aufgebaut worden. Die Leiter verfügt über einen "Stülpkorb" für drei Personen, der sich in Fahrtstellung über die Leiterspitze klappt. Alle Funktionen werden von einem Computer überwacht (CC = computer controlled), der nun auch eine Memory-Schaltung (x-mal automatisches Anfahren der Leiterspitze eines festgelegten Punktes) bietet. Neu beim Abstütz-Sicherheitssystem "Vario" ist die gleitende Ausladungsteuerung. Das Computersystem berücksichtigt hierbei erstmals unterschiedliche Abstützbreiten der einzelnen Stützen und errechnet daraus das mögliche Arbeitsfeld für den Leiterpark.

Erstmals in Frankfurt war nun ein dreiachsiges Fahrzeug mit einer gelenkten Nachlaufachse verse-

Insgesamt vier DLK 23-12 „niedrige Bauart" wurden zwischen 1981 und 1986 beschafft. Ab 1987 waren die Fahrzeuge mit großen Sprungrettern von Esser ausgestattet

Die dritte Generation Leiterbühnen hatte einen fünfteiligen Leiterpark und wurde daher als LB 30/5 bezeichnet. Wegen der höheren Gewichte war nun ein Dreiachs-Fahrgestell erforderlich

Die vierte und letzte Generation: die LB 30/5 CC. Statt der wuchtigen Waagerecht-Senkrecht-Abstützung verfügt das Fahrzeug jetzt über eine variable Abstützung, bei der jede Stütze einzeln bewegt werden kann. Die Firma Magirus hat inzwischen die Fertigung von Leiterbühnen eingestellt

Zur vfdb-Tagung 1995 wurde die neue DLK 23-12 Vario CC von Magirus auf Mercedes Benz-Fahrgestell vorgestellt. Eine Besonderheit war die lenkbare Hinterachse (NALL)

Insgesamt acht dieser DLK 23-12 Vario cc von Magirus auf DaimlerChrysler „Atego" 1228 L stellte die BF Frankfurt 2001/2002 in Dienst

hen worden. Bis zu einer Geschwindigkeit von 28 km/h wird die Achse elektrohydraulisch, in Abhängigkeit vom Vorderradeinschlag, angesteuert. Bei höheren Geschwindigkeiten wird die Achse in der 0°-Stellung fixiert. Hierdurch ergibt sich eine gewaltige Reduzierung des Wendekreises: Hatte bei der zweiachsigen DLK 23-12 n.B. der Wendekreis bei ausgehängtem Korb noch 18,60 m betragen, erreicht der Dreiachser mit Korb(!) einen Wendekreis von 15,10 m.

Aber auch dieses hochmoderne Fahrzeug wurde bereits ersetzt. Bis zum Frühjahr 2002 wurden an allen Frankfurter Feuerwachen einheitliche Drehleitern stationiert, ein weiteres Fahrzeug steht für Ausbildungszwecke und als technische Reserve zur Verfügung.

Es handelt sich wiederum um DLK 23-12 Vario CC von Magirus, diesmal auf DaimlerChrysler-Fahrgestell "Atego" 1228 L. Auch dieses Dreiachs-Fahrgestell verfügt wieder über eine gelenkte Hinterachse. Keine großen technischen Neuerungen prägen diesen Fahrzeugtyp, aber viele kleine Verbesserungen erleichtern den Feuerwehrleuten die Arbeit. So sind zum Beispiel alle Rollladen der Geräteräume mit Griffstangen versehen und zentral verriegelbar. Im ersten Leiterteil ist eine fest verlegte Wasserführung vorhanden und im verbreiterten Rettungskorb können Hochdrucklüfter,

Der „Aufzug zu den Wolken". Mercedes Benz 1019, Aufbau Wahlefeld, Ziegler, wurde in Frankfurt umfassend erprobt, auf der „Interschutz" 1980 vorgestellt, konnte sich aber nicht durchsetzen

Magirus Leitern der Frankfurter Feuerwehr, Mitte der siebziger Jahre: Leiterbühne LB 30 (2. Generation), Drehleiter DL 50, Drehleiter DL 30 h

Krankentragenhalterung oder Wenderohr mit Hohlstrahldüse angebracht werden. Der 8 kVA-Generator kann über eine Start/Stop-Einrichtung sowohl vom Hauptbedienstand als auch vom Korb aus geschaltet werden. Eine weitere Besonderheit ist der Beifahrersitz mit integrierter Pressluftatmer-Halterung.

Zum Abschluss unseres Streifzuges durch den Frankfurter Fahrzeugpark gehen wir noch einmal ein knappes Vierteljahrhundert zurück und sehen uns abschließend noch einen ganz besonderen Exoten an: Den Hochretter !

Nach verheerenden Hochhausbränden im Ausland mit Hunderten von Toten wurde Ende der 70er Jahre die Suche nach neuen Methoden zur Brandbekämpfung und Menschenrettung bei Hochhausbränden weltweit zu einem Thema, das allerlei Stilblüten hervorbrachte.

In Amerika experimentierte man z.B. mit einer Rettungsgondel, die an bis zu 200 m langen Seilen unter Hubschraubern hängend mit Turbinentriebwerken gesteuert an die Fenster von Hochhäusern heranmanövriert werden sollten. In Frankfurt griff man die Idee mit der von außen herangeführten Rettungsgondel auf, blieb bei deren Antrieb aber bodenständiger. Zusammen mit der Firma Wahlefeld in Krefeld baute man ein Fahrzeug (Mercedes-Benz 1019), das Rettungsgondel, Seile und Antriebsmotoren mitführte. Die Führungs- und Antriebsseile, so die Planung, sollten in die an den Häusern vorhandenen Führungseinrichtungen für Fensterputzergondeln eingeklinkt werden. Dann könnte die mitgeführte Rettungsgondel, die für zwölf Personen ausgelegt war, vertikal am Gebäude entlangfahren, um Menschen zu retten oder Feuerwehrtrupps in die Höhe zu bringen.

Das System wurde in Frankfurt an mehreren Gebäuden mit Höhen bis zu 160 m erprobt und schließlich auf der "Interschutz" 1980 in Hannover dem Fachpublikum vorgestellt. Die Technik scheiterte aber an ihrer Aufwändigkeit, hohen Kosten baulicherseits und mangelnder horizontaler Beweglichkeit und wurde in Frankfurt und überhaupt in Deutschland nicht beschafft. Großes Interesse zeigten aber später einige Ostblockstaaten, allen voran Russland.

Fotos: Verfasser, Archiv Verfasser, Bildstelle Branddirektion, Frankfurter Institut für Stadtgeschichte, Iveco Magirus

„Heldentod“: 1976 verunglücken die DL 50 und die erste Gelenkbühne der Frankfurter auf Einsatzfahrten. Die hohe Kopflast wurde beiden Fahrzeugen zum Verhängnis

DLK 23-12 n.B. im Brandeinsatz / LB 30/5 CC im Brandeinsatz

Weitere empfehlenswerte Bücher des Podszun-Verlags

Fordern Sie kostenlos und völlig unverbindlich unseren neuen Prospekt an mit Büchern über:

- Lastwagen
- Motorräder
- Autos
- Traktoren
- Feuerwehrfahrzeuge
- Lokomotiven
- Baumaschinen

Verlag Podszun-Motorbücher
Postfach 1525
D-59918 Brilon
Fax 02961 / 2508

144 Seiten, ISBN 3-86133-102-X
28 x 21 cm, fester Einband
EUR 19,90

160 Seiten, ISBN 3-86133-192-6
28 x 21 cm, fester Einband
EUR 24,90

180 Seiten, ISBN 3-86133-240-X
28 x 21 cm, fester Einband
EUR 19,90

182 Seiten, ISBN 3-86133-297-3
28 x 21 cm, fester Einband
EUR 29,90

126 Seiten, ISBN 3-86133-181-0
28 x 21 cm, fester Einband
EUR 24,90

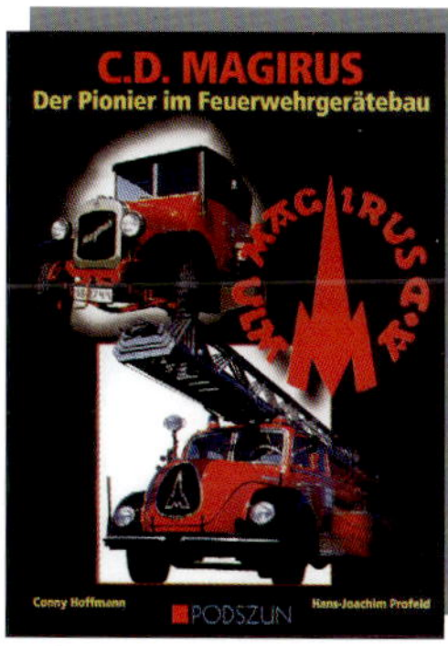

208 Seiten, ISBN 3-86133-241-8
28 x 21 cm, fester Einband
EUR 34,90

342 Seiten, ISBN 3-86133-216-7
28 x 21 cm, fester Einband
EUR 44,90

150 Seiten, ISBN 3-86133-292-2
28 x 21 cm, fester Einband
EUR 24,90

220 Seiten, ISBN 3-86133-175-6
28 x 21 cm, fester Einband
EUR 34,90

206 Seiten, ISBN 3-86133-248-5
28 x 21 cm, fester Einband
EUR 34,90

182 Seiten, ISBN 3-86133-298-1
28 x 21 cm, fester Einband
EUR 34,90

FEUERWEHR HOHENLOCKSTEDT
112